壽司握技冠軍主廚技法習得

川澄裝飾壽司協會會長　川澄　健

瑞昇文化

◆ 挑戰壽司的無限可能！製作時充滿樂趣，完成時令人驚豔！◆

壽司握技冠軍主廚技法習得
─ KAZARI SUSHI ─

目錄

◆ 何謂「裝飾壽司」？

「裝飾壽司」，就是以我命名的「造型壽司」為主，利用細工壽司、握壽司、散壽司、押壽司等擺盤成各式圖案與花樣的壽司。是光憑一條粗卷、一塊握壽司就能贏得讚歎的造型壽司，以及將它們組合起來，在逢年過節或活動場合時堂堂登場的創意壽司擺盤的總稱。當然，師傅傳達給顧客的新意，或者顧客當成禮物餽贈的心意，也都包含在這融進用心與創意的裝飾壽司中。

呈現出春天意象的應景壽司擺盤。

◆ 值得壽司店多加參考

在季節活動或喜慶場合中亮相的壽司拼盤，若能加入裝飾壽司的創意，保證那些壽司更加秀色可餐。全部都做成裝飾壽司固然很費工夫，不過，例如一條「祝」字文字卷可以切成4塊，只要在每5人份的壽司拼盤中央放一塊「祝」，便立即完成20人份的祝賀用壽司拼盤了。此外，主角為小朋友就用「熊貓」、女性就用「花」、敬老節日就用「鶴」等，只要稍微用點裝飾壽司的巧思，顧客肯定會興奮得與壽司拍照留念，氣氛就更歡樂了！請務必參考本書製作裝飾壽司，相信更能迎得顧客歡心！

只要在中間放一塊細工壽司，就能達到畫龍點睛的驚艷效果。

◆ 幫助您技藝更加精湛

造型壽司從簡單到繁複的都有。建議您從簡單的卷壽司開始，然後一步一步提升技藝。

很多人一開始就雄心勃勃地挑戰高難度的圖案，結果不是做不出來就是做不好看。捲成圓狀、捏成小山狀、捲出整體輪廓等，請先學會捲製這些基本形狀吧！當學會這些基本技巧後，接下來就是變化與活用而已。相信熟能生巧，一定會愈來愈得心應手的。

身為壽司師傅的您，每日製作不計其數的壽司，而不論細工壽司或創意壽司，都是在這些壽司上再加點花招巧飾而已。因此請您有空時，利用一些切剩下的食材來製作吧！一方面試吃看看味道如何，一方面也熟練造型壽司的技法。

海外人士對美麗的造型壽司也相當感興趣。

◆川澄流「裝飾壽司」的目標

「造型壽司和細工壽司都太費工太不划算了！」、「食材少就顯得不好吃！」、「壽司還是簡單最好！」有這種想法的人應該不少吧！

不過，我個人的觀點是，「日本的壽司」講究嚴謹的前置作業與調理方式，而我正是重視這點並列為優先考量來製作裝飾壽司的。重要的是，顧客享用後能不能滿意地說出「真好吃！」、「太讚了！」

為此，前置作業和製作過程就馬虎不得。必須計算顧客享用的時間、選用新鮮度不易降低的食材、不讓醋飯冷掉，還要在最後步驟才放上生鮮的配料等。能夠確實掌握這些細節的話，就能做出視覺和味覺上同時令人驚艷的壽司藝術品了。

相信只要體驗過這種壽司藝術品，不僅是饕客，就連壽司師傅也會成為裝飾壽司的忠實粉絲！

大型的裝飾壽司，製作完成並不代表完成，要等到顧客享用後讚不絕口地說：「好漂亮又好好吃啊！」才算是真正完成。就這層意義上，我的「裝飾壽司」和「造型壽司」都還在精益求精中。因此我由衷希望和參考本書的各位，一起切磋琢磨技藝，一起創作出饒富美味與趣味的裝飾壽司。此外，近年來，要買到新鮮的海鮮已經不是難事，因此不僅是壽司師傅，家庭煮夫煮婦們若也能學會本書中的諸多技巧，必能做出賓主盡歡的壽司了。

川澄裝飾壽司協會

會長 川澄 健

川澄 健（かわすみ けん）

個人檔案

川澄裝飾壽司協會會長、川澄造型壽司普及會主席。

1956年出生於神奈川縣鎌倉市。在壽司店累積多年實務經驗，於傳統的細工卷、鄉土的卷壽司等技藝上多所鑽研，終於登上專業級的技術大會等舞台。因為在東京電視臺的「電視冠軍全國壽司師傅握技冠軍賽」中奪得冠軍而受到注目。曾經營「壽司川澄」（神奈川縣橫濱市，1994～2006年），擔任壽司專門學校的講師，2013年起擔任「日本壽司學院」（東京都築地）主席講師。除了致力培養專業壽司職人之外，也積極從事相關活動，將壽司推廣至海外。「造型壽司」（飾り卷ずし）就是川澄老師所命名的，身為裝飾壽司、造型壽司的第一人，經常上電視等媒體，著作豐碩。

川澄裝飾壽司協會　http://kazarisushi.jp
川澄造型壽司普及會　http://kazarimaki.com

本書使用前須知

・本書介紹以「造型壽司」為主而創作出來的「裝飾壽司」之相關技術，適合專業的壽司職人、以專業為目標的人士，以及想學習裝飾壽司技巧的一般人士。

・本書也介紹許多製作裝飾壽司必須具備的基本技術，敬請參考。

・本書詳載製作細工卷、造型壽司，乃至難以估算的裝飾壽司的各項材料份量，至於其他技法方面則未必詳載份量，請自行斟酌。

・上色的醋飯，基本上是用鱈魚子或青海苔等食材摻進醋飯拌勻而成的。

・青海苔等，當做為摻進醋飯的材料之一時，有時候並未算進完成後的醋飯重量裡。

・材料的份量，若是當成粘著物使用的醋飯或是當成裝飾材料的一部分時，就會省去份量標示。

・1小匙為5ml，1合為180ml，1升為1.8ℓ。

・第2章「造型壽司」的海苔份量，整片的1/2（半片）為1張。詳細請參照p.28的說明。

◆第1章
基本的卷壽司與細工卷

細卷是製作細工卷以及第2章的造型壽司的基本。好好學習相關技巧後，就能進一步挑戰更難的卷物了。歷史悠久的細工卷，其實就是下了各種工夫的卷物。由於圖案美觀，在現代也相當討喜。請逐一按照步驟確實進行，做出漂亮的壽司吧！

◆ 基本的細卷

細卷是卷壽司的基本，這項基本工做不好的話，就無法做出漂亮的細工壽司和造型壽司了。請務必把握粗細均一、內餡置中、醋飯不壓爛等卷物的基本製作要領。除了圓形、方形之外，若也能做出三角形等各種不同形狀的壽司，擺盤就能千變萬化了。

■ 圓卷

干瓢卷一般是1條切成4塊。

1 將海苔（半片）橫鋪於竹簾上，鬆鬆地捏一把80g的醋飯放在海苔上，然後橫向鋪成帶狀。醋飯距離海苔後端要預留出1指寬（1.5～2cm）的空隙，且要鋪得稍微高一些，而放置餡料的中央則鋪得稍微凹陷些，海苔前端也要留出一點邊緣。將煮好的干瓢切成與海苔等長，取20g放在醋飯上。

不敗絕招

◆鋪開醋飯時，力道要適中，不要把飯粒壓爛了，要均勻地鋪開。

◆餡料要放在鋪開的醋飯中央。

2 拿起竹簾的前端，注意不讓海苔移位，然後由前端向醋飯的後端提過去般，一口氣捲上去。

3 將整條像要往自己的方向拉那樣地用力捲緊，使醋飯和餡料完全緊密結合後，再繼續將剛剛預留的海苔後端輕輕地捲疊上去。握緊竹簾，將整條修整成圓筒狀。拿掉竹簾後即可切塊。

■ 方卷

將切成四方形棒狀的鮪魚或小黃瓜包進方卷裡。1條切成6塊。

1 將鮪魚切成寬1cm左右的四方形棒狀，長度與海苔等長。依圓卷的要領，將80g的醋飯鋪在海苔（半片）上，中央抹一點芥末醬，再放上鮪魚。

不敗絕招

◆內餡也要切成四方形，切開後露出來的形狀才會漂亮。

◆切開時，先對切，然後將2小條並排，再切成3等分，這樣長度就會一致了。

2 拿起竹簾的前端，注意不讓海苔移位，然後依圓卷的步驟那樣捲上去。接著，用食指按壓竹簾上方的中央處，將壽司修整成四方形。拿掉竹簾後即可切塊。

三角卷

1條切成6塊後排成圓形，也可以排成星星或花朵狀。

◆內餡的小黃瓜也縱切成6條，成為三角形。

◆小黃瓜的三角形和整體的三角形內外呼應，看來就很漂亮。

1

將小黃瓜縱切成6條，長度與海苔等長。依圓卷的要領，將80g醋飯鋪在海苔（半片）上，中央放置小黃瓜，皮面朝向自己。

2

拿起竹簾的前端，注意不讓海苔移位，然後依圓卷的步驟那樣捲上去。接著，像要抓起竹簾那般，將形狀修整成三角形。拿掉竹簾後即可切塊。

滴卷

1條切成6塊，排成花形就很華麗了。

◆內餡的位置要從中央起稍微往後鋪開來。

◆捲好後拿起竹簾，邊從側面確認形狀邊修整。

1

依圓卷的要領，將80g醋飯鋪在海苔（半片）上，再將適量的飛魚子從中央往後鋪開1cm寬，注意左右的寬度要一致。

2

拿起竹簾的前端，注意不讓海苔移位，然後依圓卷的步驟那樣捲起，直接壓向後端。接著連同竹簾一起拿起來，修整成水滴狀。拿掉竹簾後即可切塊。

勾玉卷

1條切成8塊，一般都是排成藤花狀。

◆內餡的位置要從中央起稍微往後鋪開來。

◆像要對摺似地捲起竹簾。

1

依圓卷的要領，將80g醋飯鋪在海苔（半片）上，再將適量的粉紅色魚鬆從中央往後鋪開1cm寬，注意左右的寬度要一致。

2

依滴卷的要領捲起，然後連同竹簾一起拿起來，修整成勾玉狀。拿掉竹簾後即可切塊。

■■ 花卷

將醋飯上色，和小黃瓜搭配，就能做出色彩鮮艷的細卷了。把小黃瓜的尖端當成水滴的尖端，然後修整成水滴狀。

【材料】
- 飛魚子飯（醋飯60g＋飛魚子1大匙） 70g
- 小黃瓜 1條
- 海苔 半片

不敗絕招

◆將小黃瓜漂亮地縱切成6條。

◆將小黃瓜的尖端當成水滴的尖端包起來。

◆將醋飯與小黃瓜合為一體，修整成花瓣的形狀。

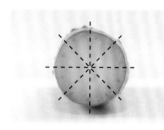

1
將小黃瓜切成與海苔等長，然後放射狀地縱切成6條。使用其中的1條。

2
將海苔橫放於竹簾上，然後於海苔的中央鋪開飛魚子飯，鋪成寬3cm左右的帶狀。

3
將1的小黃瓜放在飛魚子飯後面，皮面朝向自己，且距離海苔後端要預留出寬1cm左右的空隙。

4
拿起竹簾的前端，注意不讓海苔及餡料移位，然後邊抓緊，邊由海苔的前端向小黃瓜的尖端壓上去般捲成一圈，再次抓緊。

5
稍稍掀起竹簾的前緣，然後繼續讓細卷向前捲到底，將海苔完全捲進去。上面要抓緊成圓形。

6
拿掉竹簾，讓醋飯朝下地再次用竹簾捲起，然後修整成水滴狀。拿掉竹簾，切成6塊，排成花形。

櫻花

用細卷來做櫻花的花瓣，切開後組成櫻花模樣。重點在於用刀背做出櫻花花瓣特有的凹槽。

【材料】
• 粉紅色魚鬆飯（醋飯75g＋粉紅色魚鬆1大匙） 80g
• 海苔 半片

不敗絕招

◆將醋飯與粉紅色魚鬆充分混合，使顏色均勻。

◆不是用捲的，而是像要對摺般，用竹簾來摺疊。

◆捲得鬆鬆的，壓出凹槽時就不容易弄破海苔了。

◆凹槽的深度要一致，請小心不要弄破海苔了。

1

縱向切出一條寬1cm的海苔。將大的那片海苔橫鋪在竹簾上，再均勻地鋪開魚鬆飯，注意海苔的前後端各要預留出0.5cm的空隙。接著將切下的那條海苔疊在後端。

2

像要對摺般地捲起竹簾，然後修整出三角形。稍微捲得寬鬆些，會比較容易做出4的凹槽。

3

拿掉竹簾，將細卷的海苔接合處朝下，然後重新放回竹簾上。

4

用刀背在細卷上壓出凹槽。

5

拿掉竹簾，這回將海苔的接合處朝上，然後再次放回竹簾上。

6

按壓竹簾，修整出花瓣的形狀。

7

拿掉竹簾，切掉海苔接合處多餘的部分。切成6塊，使用其中的5塊排成花形。

◆ 組合細卷而成的細工卷

組合細卷，就能做出大大的造型壽司了。細卷雖然看來很陽春，但加以組合就能做出千變萬化的圖案，而變身成華麗的細工卷了。要做得漂亮，重點在於每一條細卷的粗細和形狀都要一致。請不要馬虎，要把基本的細卷仔細做好喔！

七寶

用4條捲成菱形的細卷和內餡（這裡用的是厚蛋燒）組合成一條七寶。所謂七寶圖樣，就一圈一圈交疊起來的連續圖案，而這裡的七寶壽司就是模仿這種喜氣的圖案做成的。請選用顏色漂亮的餡料來做吧！

【材料】

- 醋飯　320g
  →分成80g×4
- 鮪魚　1×1cm　長20cm
- 小黃瓜　1/6條　長20cm
- 醃野澤菜　10g
- 飛魚子　10g
- 厚蛋燒　1.5×1.5cm　長20cm
- 海苔　半片×4張　整片1張

- 鮪魚
- 小黃瓜
- 醃野澤菜
- 飛魚子
- 厚蛋燒

不敗絕招

◆所有細卷的粗細和形狀都要一致。

◆考量好4條細卷的配置，做好色彩搭配。

◆細卷與細卷之間、與厚蛋燒之間的接合面要剛好吻合。

◆最後將整體修整成四方形。

【海苔的份量圖】

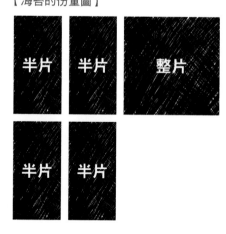

半片	半片	整片
半片	半片	

1 將份量正確的鮪魚、小黃瓜、醃野澤菜、飛魚子當做內餡，分別以海苔（半片）和80g醋飯做成4條細卷。先做成方卷，再連同竹簾一起拿起來，將整條輕輕按壓成平整的菱形。

6 在厚蛋燒的兩側，再各放一條 ②。菱形與厚蛋燒的接合面要能剛好緊貼在一起。

2 4條壽司的粗細和形狀必須平整一致，才能在中心穩穩地塞進厚蛋燒。

7 將竹簾捲成圓形收緊，讓外側的海苔合起來。

3 將海苔（整片1張）放在竹簾上，左側放上 ② 的其中1條。

8 修整成四方形。拿掉竹簾後即可切塊。

4 拿起竹簾，於 ③ 的後面再放1條 ②。

5 在 ③ 和 ④ 的細卷之間放進厚蛋燒。

桃花

以1個圓卷當做1片花瓣來組合成1朵桃花,外圍再用醋飯包起來,就能捲成一個大大的細工壽司了。由於花瓣和芯都是圓形而不容易固定住,因此訣竅在於善用竹簾來組合出美麗的花朵。

【材料】

- 醋飯　100g
- 粉紅色魚鬆飯(醋飯90g+粉紅色魚鬆10g)　100g
  →分成20g×5
- 起司魚板　10cm
- 醃野澤菜的莖　10cm×5條
- 熟白芝麻　½小匙
- 甜醋薑(碎末)　5g
- 海苔　⅓半片×5　2cm寬×整片長×2　半片+⅓半片

- 粉紅色魚鬆　• 起司魚板
- 醃野澤菜　• 甜醋薑　• 熟白芝麻

不敗絕招

◆所有圓卷的粗細要完全一致,並捲成漂亮的圓形。

◆在竹簾中進行組合花朵的步驟,將圓卷等各個部分依順序逐一放進適當的位置。

◆以起司魚板做為花心,組合成漂亮的圓形。

◆組合完花朵後,要確實用竹簾捲緊,不讓分散開來。然後用海苔條捲住固定。

◆醋飯要仔細均勻地鋪在海苔上,切開後醋飯層才會一致。

【海苔的份量圖】

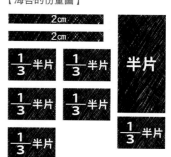

1 製作桃花。將海苔（⅓半片）橫放於竹簾上，將20g粉紅色魚鬆飯滾成棒狀放在海苔中央，然後捲起來。在竹簾裡面滾動做成圓卷。共製作5條。

2 將竹簾放在一隻手上，然後將①一條一條放在竹簾上並慢慢堆成圓狀，放完3條後，就放進起司魚板。再蓋上剩餘的2條後就捲起竹簾，收緊成圓筒狀。

3 在②的圓卷與圓卷之間，各放進一條醃野澤菜的莖。然後再次用竹簾收緊成圓筒狀。

4 在海苔（2cm寬×整片長×2）的兩端各黏上少許醋飯當成粘著物，然後把③捲綑起來，使整條固定不分散。

5 組合全體。在半片海苔的邊緣黏上少許醋飯，與⅓半片的海苔貼成一長條海苔，然後縱向放在竹簾上。

6 在⑤的海苔上，均勻地鋪開100g醋飯，注意海苔後端要預留出4cm的空隙，然後撒上熟白芝麻和甜醋薑末。接著將④的花朵放在醋飯中央。

7 拿起竹簾，慢慢捲緊。

8 將海苔合起來捲緊，然後邊從側面確認圖案邊修整成圓形。拿掉竹簾後即可切塊。

單梅

和桃花（p.14）的組合方式相同，但花瓣要做成水滴狀，且中間會夾進海苔來突顯梅花花瓣的特色。花瓣是使用紅色的醋飯，為了讓味道也有梅子風味，因此加進了熬煮過的煉梅。

【材料】

• 醋飯　120g
　→分成100g　20g
• 粉紅色魚鬆飯（醋飯130g+粉紅色魚鬆15g+煉梅5g）　150g
　→分成30g×5
• 味噌醃山牛蒡　10cm
• 三葉菜　1束
• 熟白芝麻　1小匙
• 海苔　½半片×5　2cm寬×整片長×2　半片+⅓半片

• 煉梅　• 粉紅色魚鬆　• 味噌醃山牛蒡
• 三葉菜　• 熟白芝麻

不敗絕招

◆所有花瓣的大小要完全一致，並捲成漂亮的水滴狀。

◆在竹簾中進行組合花朵的步驟，要確實捲圓並捲緊，不讓分散開來。

◆組合完花朵後，用海苔條捲住固定。

◆外圈的醋飯層要均勻地鋪開，厚度一致才會漂亮。

◆用竹簾捲起整條壽司，然後邊從側面確認圖案邊修整成圓筒狀。

【海苔的份量圖】

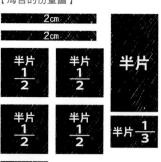

1 製作梅花。將粉紅色魚鬆飯分成各30g，鬆鬆地捏成圓筒狀。迅速鹽煮一下三葉菜，然後切成10cm長，再切成5等分。

2 將海苔（½半片）的邊緣切掉1.5cm寬。5張海苔全部都要這樣切。

3 將2的大的那片海苔橫鋪在竹簾上，將1的魚鬆飯鋪在海苔上，注意海苔的前端和後端都要預留出0.5cm的空隙，然後將切成帶狀的海苔疊在後端。

4 拿起竹簾的前端，注意不讓海苔移位，然後對摺般地捲起竹簾，修整成水滴狀。以同樣方式製作5條。

5 將4的海苔接合邊緣切掉1cm，成為花瓣形狀。

6 將竹簾放在一隻手上，然後將5一條一條放在竹簾上並慢慢堆成圓狀，放完3條後，就放進味噌醃山牛蒡。再蓋上剩餘的2條後就捲起竹簾，收緊成圓筒狀。在花瓣之間放進1的三葉菜。然後再次用竹簾捲緊成圓筒狀。

7 將海苔（2cm寬×整片長×2）的兩端各黏上少許醋飯當成粘著物，然後把6捲細起來，使整條固定不分散。

8 組合全體。將海苔（將半片和⅓半片的海苔黏成一長片）縱向放在竹簾上，均勻地鋪開100g醋飯，注意海苔後端要預留出6cm的空隙，然後撒上熟白芝麻。接著將7的花朵放在醋飯中央。

9 拿起竹簾慢慢捲緊。花朵上方再鋪蓋上20g醋飯。

10 將海苔合起來捲緊，然後邊從側面確認圖案邊修整成圓形。

將細卷、或是重疊細卷而成的壽司切開後再加以組合，就能做出複雜多變的圖案了。例如文錢和四海（p.22）等，乍看似乎很難，但得知做法後就意外地容易上手了。一開始就把細卷等卷物都做得漂漂亮亮，再均分成數等分，就能完成美麗的成品了。

文 錢

這是取「寬永通寶」等外圓內方的「文字錢」外形所組合成的細工卷。在最初完成的細卷外面疊上一層後，再疊上一層。將整條切開，接著讓四方形的芯和海苔面完全吻合地組合起來，然後將整條捲成圓筒狀就完成了。

【材料】

• 鱈魚子飯
　（醋飯210g＋鱈魚子30g＋熟白芝麻1小匙） 240g
　→分成50g　70g　100g　20g
• 魚板　1.5×1.5×10cm
• 海苔　整片的8cm　半片　¾整片　半片＋⅓半片

• 鱈魚子
• 熟白芝麻
• 魚板

不敗絕招

◆重疊起來的圓卷，要捲成漂亮的圓形。

◆重疊時，醋飯層的厚度要盡量一致。

◆切開圓卷時，要注意不讓形狀走樣。

◆做為芯的魚板，要修整成漂亮的正方形。

◆整條壽司要牢牢壓實固定，最後修整成圓筒狀。

【海苔的份量圖】

整片8cm

整片 ¾

半片

半片

半片 ⅓

1 將海苔（整片的8cm）橫放於竹簾上，再將50g鱈魚子飯滾成棒狀放在海苔中央。然後用竹簾將海苔和鱈魚子飯充分搓合成漂亮的圓卷。

2 將海苔（半片）橫放於竹簾上，再將70g鱈魚子飯鋪在海苔上，注意後端要預留出1cm的空隙。然後將①放在鱈魚子飯中央，捲成圓筒狀。

3 將海苔（¾整片）橫放於竹簾上，再將100g鱈魚子飯鋪在海苔上，注意後端要預留出5cm的空隙。然後將②放在鱈魚子飯中央，捲成圓筒狀。

4 拿起竹簾，在②的圓卷上面，完整地鋪蓋上20g鱈魚子飯，然後將海苔包起來，捲成圓筒狀。

5 將④對切，再縱向對切，變成4條。

6 將海苔（將半片和⅓半片的海苔黏成一長片）縱向放在竹簾上，再將竹簾放在一隻手上。然後將⑤的1條放在海苔上，前端對齊，切面朝下，再於後面放上1條，中間塞進魚板。

7 將⑤的最後2條放上去，把魚板包起來。

8 將海苔合起來收緊，修整成圓筒狀。拿掉竹簾後即可切塊。

割七曜

將顏色不同但大小相同的圓卷對切後排整齊，再以厚蛋燒當做芯，就可完成這款細工卷了。加以變化醋飯的顏色以及芯的材料，就能享受變化多端的樂趣。若以4條圓卷來做，就成為「割九曜」了。

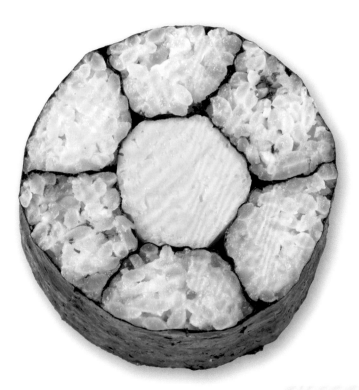

【材料】

- 野澤菜飯（醋飯45g+醃野澤菜末5g+熟白芝麻½小匙） 50g
- 粉紅色魚鬆飯（醋飯45g+粉紅色魚鬆5g） 50g
- 飛魚子飯（醋飯45g+飛魚子5g） 50g
- 厚蛋燒 2.5×2.5×10cm
- 海苔 ½半片×3 半片

- 醃野澤菜　• 熟白芝麻
- 粉紅色魚鬆　• 飛魚子

不敗絕招

◆以滑刀的方式切開厚蛋燒，就能切出漂亮的圓筒狀。

◆所有圓卷的粗細要完全一致。

◆切開圓卷時，要注意不讓圓形走樣，且要切成均等的半圓。

◆切好的圓卷，顏色要穿插配置。

◆最後捲緊成漂亮的圓筒狀。

【海苔的份量圖】

半片
½

半片
½

半片
½

半片

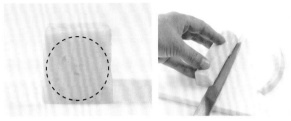

1 切掉厚蛋燒的四個角，成為圓筒狀。

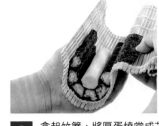

6 拿起竹簾，將厚蛋燒當成芯包捲起來，然後將海苔合起來收緊。

2 將海苔（½半片）橫放於竹簾上，再將捏成棒狀的野澤菜飯放在海苔上，然後將竹簾捲起來，讓海苔和野澤菜飯充分搓合成漂亮的圓卷。

7 捲緊成圓筒狀。拿掉竹簾後即可切塊。

3 用②的方式，捲出粉紅色魚鬆飯和飛魚子飯。

4 將②、③的圓卷縱向對切。

5 將海苔（半片）縱向放在竹簾上，再將④依飛魚子、野澤菜、粉紅色魚鬆、飛魚子、野澤菜、粉紅色魚鬆的順序放上去，切面朝下，中央放上①。

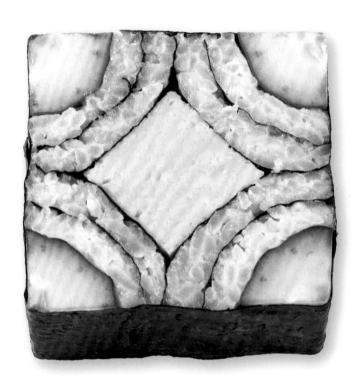

四海

謠曲〈高砂〉中有一句「四海風平浪靜」，這款細工卷便是取這個意境，做出祈望世界太平的圖案，很適合婚禮等喜慶場合。雖然看起來很複雜，但原理很簡單。單看一個就很漂亮了，若是並排起來，更別有一番風情。

將切開的四海並排起來，非常繽紛奪目。

• 小黃瓜　• 粉紅色魚鬆　• 厚蛋燒

【材料】

• 醋飯　60g
• 粉紅色魚鬆飯（醋飯80g+粉紅色魚鬆10g）　90g
• 小黃瓜　直徑3cm×長10cm
• 厚蛋燒　2.5×2.5×10cm
• 海苔　¾半片　半片　半片+⅓半片

不敗絕招

◆小黃瓜很容易脫落，因此一開始捲時，就要與醋飯密合地捲在一起。

◆所有醋飯層的厚度一致的話，就能做出漂亮的波浪紋。

◆縱向對切時，要確實壓實固定住各個部分後再切開。

◆要將圓卷漂亮地切成4等分，完成後的圖案才會平衡。

◆捲起組合起來的壽司時，要注意不讓各個部分散開。

◆小黃瓜的粗細不同，整體的大小就會改變，因此請適當地調整海苔的長度。

【海苔的份量圖】

1 將海苔（¾半片）縱向放在竹簾上，鋪開醋飯，注意海苔後端要預留出1cm的空隙。然後將小黃瓜放在醋飯中央，當做芯包捲起來。

2 將海苔（半片）放在竹簾上，鋪開粉紅色魚鬆飯，注意後端要預留出1cm的空隙。然後將①放在魚鬆飯中央，當做芯包捲起來。

3 將②縱向對切，然後各都切面朝下，再縱向對切一次。

4 將半片和⅓半片的海苔黏成一長片，縱向放在竹簾上。將③的2條依照片所示放在海苔上，並對齊海苔前端，中間放上厚蛋燒。再將剩下的③放上去。

5 用竹簾壓實固定，不讓各個部分散開。捲到四方形的邊角時，將整條稍微往自己的方向拉一下再繼續捲起，就能讓海苔與各個部分充分貼合了。修整出平整的四方形，拿掉竹簾後即可切塊。

應用
改變醋飯的顏色和尺寸

第一層的醋飯40g、第二層的粉紅色魚鬆飯50g、做為芯的厚蛋燒切成1.5cm的方形。這款四海的尺寸稍小，較容易捲。

菊水

表現菊花浮出水面的模樣，是祝賀長壽的傳統圖案。用厚蛋燒做出花瓣，再組合成半朵菊花，然後用海苔表現出流水的紋路。菊花的花瓣也可以做成滴卷（p.9）喔！

【材料】

- 粉紅色魚鬆飯（醋飯90g＋粉紅色魚鬆10g）　100g
  →分成50g×2
- 青海苔飯
  （醋飯40g＋青海苔1小匙＋熟白芝麻½小匙）　40g
  →分成20g×2
- 厚蛋燒　1.5×2.5×10cm 3條
- 味噌醃山牛蒡　10cm
- 海苔　½半片×6　⅔半片　半片＋⅓半片

- 厚蛋燒
- 味噌醃山牛蒡
- 粉紅色魚鬆
- 青海苔
- 熟白芝麻

不敗絕招

- ◆所有菊花花瓣都要切成相同的形狀。
- ◆將切成花瓣形狀的厚蛋燒用海苔捲起來，圖案立刻輪廓鮮明。
- ◆為避免讓花瓣分散開來，組合好花朵後，要確實收緊。
- ◆將粉紅色魚鬆飯均勻地鋪在海苔上，摺成3摺，做出流水般的圖案。
- ◆摺成3摺後，用青海苔飯填滿空隙，固定住圖案。
- ◆花朵與醋飯層要仔細地捲成一體。

【海苔的份量圖】

半片½　半片½　半片⅔
半片½　半片½　半片
半片½　半片½　半片⅓

1 將菜刀斜斜劃進厚蛋燒的對角線，切成細長的三角形，再將三個角切成圓狀，做出6個菊花的花瓣。

2 用海苔（½半片）將1捲起來。

3 拿起竹簾，將2排在竹簾上，注意要排成半圓狀，且尖端朝上，然後將味噌醃山牛蒡放在中央。組合成直徑5cm的半圓後，收緊固定。

4 在海苔（⅔半片）上均勻地鋪滿50g粉紅色魚鬆飯，然後上下翻面，再鋪上50g粉紅色魚鬆飯。

5 將20g青海苔飯捏成長10cm的圓棒狀。做出2個。

6 將4摺成3摺。邊往上拉，邊向右拉一點。

7 在6的右下方的空隙裡塞進一個5，在左上方的空隙裡也塞進另一個5，將它們牢牢貼緊。

8 將半片和⅓半片的海苔黏成一長片，然後覆蓋在3的花朵上（花的中央要與海苔的中央對齊），再倒放於竹簾上。輕輕握緊竹簾，讓花朵與海苔密合。

9 將7倒放在8上。

續下頁 ▶

10 將海苔合起來捲緊，修整成一個高高的魚板狀。拿掉竹簾後即可切塊。

◆ 第2章
造型壽司

花草樹木、動物、臉、卡通造型、風景、文字、標誌等，造型壽司能呈現出各式各樣漂亮的圖案，簡直可以說是無所不能。本章主要介紹可以使用哪些材料以及如何使用、主要的技法等。當確實掌握到製作訣竅後，請自行發揮創意，挑戰一下原創的造型壽司吧！

和一般的卷壽司不同，造型壽司的尺寸較大，並且要呈現出漂亮的圖案，因此有各種製作上需注意的要點。從準備材料到切工，乃至於壓捲的訣竅等，這裡皆有詳細說明。此外，本書所介紹的造型壽司，都是以半片海苔（約寬10cm）製作的。

■ 材料的準備

開始捲包之前，請先將所有材料的重量和長度都計量好準備齊全，如此才能專心製作。海苔是以半片為基準，要捲進去的材料都要配合海苔的長度（半片海苔寬10.5cm，因此材料的長度為10cm）。也別忘了準備沾手用和沾菜刀用的醋水

【醋飯】

請參考p.106「醋飯的基本」來準備。至於上了色的醋飯，則是在基本的醋飯上再摻進適量的材料。由於顏色會因所摻入的材料而改變，因此請一邊觀察顏色變化，一邊調整摻入的份量。此外，有時因為捲法和捏醋飯的力道不同，會造成醋飯的備量不足，那麼就無法做出漂亮的圖案了，因此，醋飯的份量不妨多準備一些！

為醋飯上色的主要材料			
紅	粉紅色魚鬆、鱈魚子、明太子、飛魚子、煉梅等	茶	佃煮蝦米、煮干瓢等
黃	厚蛋燒、醃黃蘿蔔、薑黃等	黑	黑芝麻、紅紫蘇粉、佃煮昆布
綠	青海苔、醃野澤菜等	白	醃白蘿蔔、白芝麻、魚板等

將用來上色的材料摻進醋飯中，充分攪拌至顏色均勻。一點一點地加入材料再拌勻，才能成功地調出適當的顏色。此外，攪拌時，注意別把飯粒攪爛了。

將每一個步驟要使用的醋飯量輕輕捏成一團。先做好這個動作，中途就不必再稱重了，會更有效率。

【海苔】

本書所介紹的造型壽司，全部都是以半片（整片的½）海苔為基準。份量中所標示的海苔「1張」，指的就是「半片海苔1張」；「½片」指的就是「半片海苔再對切」。請事先切好需要的大小。

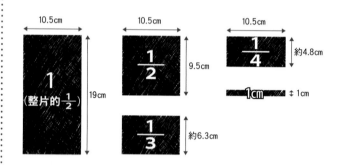

請準備尺寸正確的海苔。若需要1cm這種細長的海苔時，請將海苔放在有刻度的砧板上，才方便正確切割。

當看到「1＋½張」時，請在一張海苔的邊緣黏上幾粒醋飯當做粘著物，然後將另一張海苔貼上去來增加長度。請事先準備好。

■ 製作造型壽司需要的工具

在此介紹能正確地計量尺寸和重量，以及進行細部裝飾時使用的便利工具。

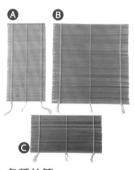

各種竹簾
Ⓐ為造型壽司專用，寬度只有一般的一半（因為多半使用半片海苔來捲）。Ⓑ為一般常用的竹簾。Ⓒ為細卷專用。請選用適當的竹簾。

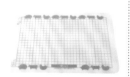

有刻度的砧板
刻度為1cm，方便切海苔、捏醋飯時，計量長寬尺寸。

電子秤
這是正確計量材料的必備工具。最好選用能夠扣除容器重量、以1g為計量單位的電子秤。

海苔壓花模具
可以壓出眼睛、嘴巴等形狀，是十分好用的小工具。在便當用具專賣店等就可以買到了。

壽司專用剪刀
要做細部裝飾或巧工時，這種剪刀就很能派上用場了，比廚房剪刀剪得更細緻。

尺
用於測量材料的大小、用醋飯捏成的小山高度等。15cm就夠用了。

竹籤
在最後完成階段時，就可以竹籤代替筷子使用。由於尖端比筷子更尖，更方便細部操作。

■■ 捲合的訣竅

製作造型壽司時，為了平衡以及方便觀察圖案，幾乎都不是將竹簾由前向後捲過去，而是將竹簾橫放著捲。不論是疊放構成圖案的材料，或是鋪開醋飯的方法等，都必須確實依照步驟順序逐一進行，才能完成美麗的成品。

要在大面積上均勻地鋪開醋飯時，可以先把所需份量的醋飯分成數等分，然後間隔地放在海苔上，再把醋飯攤開填滿空隙就行了。尤其添加了上色材料的醋飯很難鋪開，用這種方法就容易多了。

將醋飯做成帶狀（p.30的「微笑標誌」等），或用醋飯做成小山（p36的「鬱金香」等）等，要切出尺寸正確的材料時，請在有刻度的砧板上一邊測量一邊進行吧！

開始捲時，請一手拿著竹簾，手心凹成圓狀，左右施力要平均。必須穩穩握住，別讓各個部分散開或變形。

將海苔合起來後，就要壓實固定再修整形狀。若要做出圓形、水滴形等，就要一邊從側面觀察圖案，一邊用兩手確實收緊。

要捲出魚板形或四方形時，當海苔合起來收緊後，就將造型壽司放在砧板上，蓋上竹簾，然後從上往下壓實固定並修整形狀。

修整形狀的同時，也別忘了用布或手掌將側面跑出來的部分壓平。

■■ 切開的訣竅

本章所介紹的造型壽司，基本上都是1條切成4塊。為了避免圖案走樣，請使用鋒利的菜刀，並讓刀刃稍微沾過醋水後立即進行切塊。壽司放置的方向和位置要穩當，菜刀則要勤於擦拭。

先用菜刀的尖端沾少許醋水後，立刻垂直立起菜刀，讓醋水順著刀身流下來。再將刀刃放在布上，瀝掉多餘的醋水後，就可以進行切塊了。

一開始先淺淺地劃刀，只切開海苔就好。待海苔切開後，再將菜刀稍微前後移動地切進去。如果一下就太用力，會破壞掉圖案，這點請特別注意。

切過一次後，就用布擦拭菜刀，然後再次用刀尖沾醋水。重複上述動作。

先從最簡單的臉部圖案做起吧！這是只用一張海苔就能捲起的又小又好捲的造型壽司。而且從這個壽司中，可以學到很多造型壽司的基本技術，如：鋪開和蓋上醋飯的方法、對切細卷做成曲線、用食材的橫切面來表現圖案、將眼睛和嘴巴等部分對稱地配置妥當等。會做「微笑標誌」後，就進一步挑戰大型的造型壽司吧！

微笑標誌

眼睛的曲線用對切的細卷、嘴巴則用半圓的厚蛋燒來表現。眼睛和嘴巴的位置要左右對稱，鋪開和蓋上醋飯時，都要注意厚度一致。p.32的「小鬼」則是這個「微笑標誌」的應用版。

【材料】

- 飛魚子飯（醋飯135g＋飛魚子5g＋熟白芝麻½小匙） 140g
  →分成20g 60g 10g 20g 30g
- 厚蛋燒 2.5×1×10cm
- 海苔 ⅓張 ⅓張 1張

- 厚蛋燒
- 飛魚子
- 熟白芝麻

不敗絕招

◆將上色用的材料摻進醋飯時，要充分攪拌至顏色均勻，但注意不要拌到黏稠稠的。

◆要使用的醋飯份量宜事先分配好。

◆將醋飯放到海苔上面時，請先將醋飯捏成與海苔（整片的一半，約10cm）等長的棒狀或帶狀後，再放上去。

◆海苔會慢慢縮小，因此將醋飯放在海苔上面後，就要盡快進行後續步驟。

◆最後要將整體修整成漂亮的圓筒狀。

【海苔的份量圖】

1 製作嘴巴。將厚蛋燒放直，像要畫一個弧形般把刀滑進去，切掉左右邊的角成一個半圓筒狀。

2 用海苔（⅓張）捲起 ①。

3 製作眼睛。將20g飛魚子飯捏成棒狀，放在海苔（⅓張）上，做成細細的圓卷。

4 縱向對切 ③。

5 組合全體。將60g飛魚子飯鋪在海苔（1張）上，注意左右端各預留出5cm的空隙。

6 在 ⑤ 的飛魚子飯中央，放上10g飛魚子飯，並捏成三角形的小山。

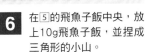

7 在 ⑥ 的小山的左右邊，各放一個 ④，切面朝上。

8 將20g飛魚子飯蓋在 ⑦ 的眼睛與小山上面。

9 在 ⑧ 的飛魚子飯中央，放上圓弧朝上的 ②。

10 將30g飛魚子飯壓成寬度可以蓋到左右眼睛的帶狀，然後蓋在 ⑨ 上面。

11 拿起竹簾，將海苔捲合起來成漂亮的圓筒狀。拿掉竹簾後即可切塊。

應用 用薄蛋皮捲出來的「微笑標誌」

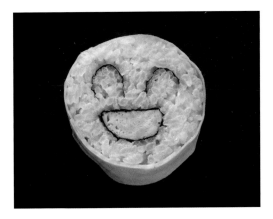

組合全體時，用薄薄的蛋皮取代海苔來捲。請先準備好和海苔同尺寸（約10×20cm）的薄蛋皮，然後將保鮮膜鋪在竹簾上，再把薄蛋皮放上去捲。鋪開醋飯時，注意別把薄蛋皮弄破了。

要做出左右對稱的圖案，訣竅在於當鋪開和蓋上醋飯時，務必要注意左右均勻。此外，決定出正確的中央位置，再放上醋飯和各個部分，也是漂亮成型的重要關鍵。醋飯的份量要拿捏正確，捲的時候也要注意力道一致。「鬱金香」（p.36）、「企鵝」（p.42）、「日」（p.62）等，也都是要求左右對稱的圖案。

■■ 小 鬼

鬼的臉部要捲成左右對稱的圓，然後放上角，同樣地整體也要捲得左右對稱。最後的成品呈水滴狀。若將臉部以及臉部周圍的醋飯顏色對調一起做出來的話，就同時有紅鬼和青鬼了。

【材料】
- 粉紅色魚鬆飯（醋飯120g＋粉紅色魚鬆20g）　140g
  →分成20g　40g　10g　30g　20g　10g×2
- 青海苔飯（醋飯130g＋青海苔、熟白芝麻各½小匙
  ＋醃野澤菜末10g＋美乃滋少許）　140g
  →分成80g　30g×2
- 厚蛋燒　2×3×10cm
- 味噌醃山牛蒡　10cm
- 魚肉香腸　10cm
- 海苔　1cm　1cm弱　½張　¼張　⅓張　⅓張　1張
  1＋½張

- 粉紅色魚鬆　• 青海苔
- 醃野澤菜　• 熟白芝麻
- 厚蛋燒　• 美乃滋
- 味噌醃山牛蒡
- 魚肉香腸

不 敗 絕 招

◆摻進醋飯的醃野澤菜，在切成碎末後要充分擰去水分。

◆將細卷對切做成眼睛。請捲成漂亮的圓形，再對切成半圓形，切時注意不讓圓形走樣。

◆放置眼睛時，要用醋飯做成小山，再將眼睛放在小山的兩側。

◆臉部要捲成漂亮的圓。

◆在臉上放好角後，要在角的兩邊塞滿醋飯把角固定住。

【海苔的份量圖】

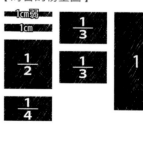

1 製作角。將厚蛋燒切成棒狀的細長的等腰三角形,再將高度切成3等分,中間夾進海苔(1cm和1cm弱)。然後用海苔(½張)捲起來。

2 製作嘴巴和鼻子。用海苔(¼張)捲起味噌醃山牛蒡做成鼻子,再縱向對切魚肉香腸,用海苔(⅓張)捲起來做成嘴巴。

3 製作眼睛。將20g粉紅色魚鬆飯放在海苔(1張)上捲起,用竹簾修整成圓條狀,對切。

4 製作臉部。將40g粉紅色魚鬆飯鋪在海苔(1張)上,注意左右要各預留出6cm的空隙,然後在上面放10g魚鬆飯,做成高1cm左右的小山。

5 將③的眼睛放在④的小山左右邊,切面朝上,再放上②的鼻子。

6 將30g魚鬆飯捏成棒狀放在⑤的眼睛上面,然後鋪平蓋住鼻子。

7 將②的嘴巴放在⑥上,圓弧朝上,再蓋上20g魚鬆飯,須將嘴巴完全蓋住。

8 拿起竹簾,在兩頰的部分各塞進10g魚鬆飯,捲成圓筒狀讓海苔合起來。然後將整卷連同竹簾放在桌上,再次修捲成圓筒狀。

9 組合全體。將80g青海苔飯鋪在海苔(1+½張)上,注意左右各預留出5cm空隙。

10 將⑧的臉部放在⑨的青海苔飯中央,再放上①的角。

11 將30g青海苔飯捏成棒狀,共捏出2條,分別放在角的左右邊緊緊貼住。

12 拿起竹簾,慢慢將海苔捲合起來。將整體修整成水滴狀。拿掉竹簾後即可切塊。

金太郎

用干瓢來做眉毛和嘴巴，表情便威風凜凜了。首先，把臉部捲成圓形，再用做為頭髮的黑芝麻飯把臉部包起來，就完成頭部了。頭盔是使用醋醃鯖魚等材料的押壽司，與頭部組合後就大功告成了。推薦在端午節時登場。

頭盔的材料

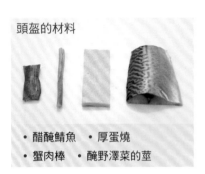

- 醋醃鯖魚　・厚蛋燒
- 蟹肉棒　・醃野澤菜的莖

頭部的材料

- 煮干瓢　・起司魚板
- 醃野澤菜的莖　・甜醋薑
- 黑芝麻粉　・紅紫蘇粉　・鱈魚子

頭部的完成形

頭盔的完成

【材料】〈頭部〉
- 醋薑飯（醋飯210g＋甜醋薑末15g）　225g
  →分成40g　25g×2　20g×2　20g×2　15g　40g
- 黑芝麻飯（醋飯180g＋黑芝麻粉1½（是一又二分之一喔）
  大匙＋紅紫蘇粉½小匙）　180g
  →分成100g　40g×2
- 起司魚板　10cm2條
- 煮干瓢　20g
- 醃野澤菜的莖　10cm
- 鱈魚子　5g
- 海苔　⅓張×2　½張　⅓張×2　¼　1+⅓張　1+⅔張

【材料】〈頭盔，1個份〉
- 醋飯　40g
- 醋醃鯖魚　10cm
- 醃野澤菜的莖　10cm
- 蟹肉棒　½根
- 厚蛋燒　0.5×3.5×10cm

【海苔的份量圖】

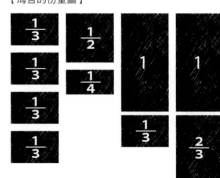

不敗絕招

◆眉毛和嘴巴的部分，用煮干瓢漂亮地鋪開後再用海苔捲起來。

◆為了讓眉尾上揚，放在眼睛旁邊的醋飯，外側要堆高一點。

◆臉部的頂端要捲成凹陷狀；捲起整顆頭時，要與用醋飯做成的小山凹凸密合。

◆組合頭部與頭盔時，頭頂的部分要切掉一點。

1 製作眉毛和嘴巴。將干瓢放在海苔（⅓張）中央，展開2cm寬捲起來，共製作2條（眉毛）。另外再將干瓢放在海苔（½張）中央，展開3.5cm寬捲起來（嘴巴）。

7 在⑥的眉毛上方放40g醋薑飯後推平。拿起竹簾，將海苔捲合起來。海苔要合起來時，稍微向下壓，讓頂部呈低窪狀地捲起來。

2 製作眼睛和鼻子。用海苔（⅓張）將起司魚板捲起來，共製作2條（眼睛）。再用海苔（¼張）將醃野澤菜捲起來（鼻子）。

8 製作頭部。將100g黑芝麻飯鋪在海苔（1+⅔張）上，注意左右端要各預留7cm空隙，且中央和兩端要稍微鋪高一些。

3 製作臉部。將40g醋薑飯放在海苔（1+⅓張）中央，捏出寬5cm的小山，將①的嘴巴蓋上來。

9 將⑦的臉部上下顛倒放在⑧上，注意低窪處要與中央高起處密合。拿起竹簾，各用40g黑芝麻飯塞進臉部的兩側，然後將海苔捲合起來。切塊後，用切成圓形的海苔做黑眼珠，用鱈魚子裝飾兩頰。

4 在③的嘴巴左右各放上25g醋薑飯，然後鋪平。

10 製作頭盔。將醋醃鯖魚的魚身削出厚0.5cm的薄片，並切成等腰三角形。

5 將②的鼻子放在④的中央，鼻子的左右各放上20g醋薑飯後鋪平。

11 將醋飯捏成與鯖魚片的大小一致，然後放上鯖魚片。蓋上擰乾的濕布確實壓緊，修整形狀。

6 在⑤的中央用15g醋薑飯做成小山，兩側各放上②的眼睛。眼睛的外側各放20g醋薑飯，外側要稍微堆高一點，然後放上①的眉毛。

12 將厚蛋燒、蟹肉棒、醃野澤菜切成頭盔飾物的形狀，然後放在⑪上面做裝飾。

鬱金香

用起司魚板做花朵、小黃瓜做葉子、厚蛋燒做花盆。做成小山的醋飯，就是用來填滿葉子和花、莖之間的空隙。花盆周圍是用摻了鮭魚子的醋飯，除了讓色彩更鮮艷，也讓味道更美味。

【材料】
- 醋飯　150g
   →分成100g　25g×2
- 鮭魚子飯（醋飯75g+鮭魚子15g）　90g
   →分成10g×2　25g×2　20g
- 厚蛋燒　3×3×10cm
- 小黃瓜　10cm
- 起司魚板　10cm
- 海苔　3cm　⅔張　½張×2　1+½張　½張

- 起司魚板　　・小黃瓜
- 鮭魚子　　　・厚蛋燒

不敗絕招

◆用起司魚板切出花形，可讓花朵的印象更鮮明。

◆用醋飯做成的小山，最後要塞在花和葉子之間。隨著步驟進行，要確實掌握好各部分的位置和高度，排出漂亮的造型。

◆夾在醋飯小山之間的海苔，會變成花朵的莖，因此要注意讓莖挺直。

◆拿起竹簾，將左右慢慢合上的同時，放上葉子和花盆。所放上去的材料要能一手掌握住，醋飯的量也要事先確實分別計量好。

【海苔的份量圖】

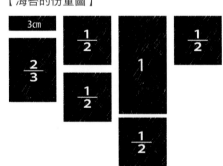

1 製作花朵。用菜刀將起司魚板切掉一部分成V字形。

2 製作花盆。將厚蛋燒切出1個0.5cm的薄片。

3 將②中那個較大的厚蛋燒當成花盆的盆身,因此左右要稍微斜切掉一部分。

4 兩個厚蛋燒之間夾住海苔(3cm)後重疊,再用海苔(⅔張)捲起來。

5 製作葉子。將小黃瓜縱切成3等分,左右邊那2條各用海苔(½張)捲起來。

6 組合全體。將100g醋飯鋪在海苔(1+½張)上,注意左右端要各預留4cm空隙。再各用25g醋飯做出2個小山(高約3cm)放在醋飯中央,注意中間要間隔1cm空隙。

7 將海苔(½張)對摺,摺痕朝下,放在小山的中間,然後把①的花朵放進去,注意切口部分朝下。

8 將左右邊的醋飯小山往上推,讓⑦的海苔合起來。

9 拿起竹簾,在⑧推上來的醋飯兩邊放上⑤的葉子。

10 慢慢將左右收緊,葉子的兩旁各放上10g鮭魚子飯。

11 將④的花盆放上去,用手心壓緊固定。

12 在花盆兩邊各放上25g鮭魚子飯,再次用竹簾收緊,然後將20g鮭魚子飯放在花盆上面並鋪平,最後將海苔捲合起來。

13 拿掉竹簾,將造型壽司放在砧板上,再蓋上竹簾,從上往下壓實固定並修整形狀。拿掉竹簾後即可切塊。

用細卷來組合花朵，用小黃瓜來充當葉子等。這裡的花朵是用粉紅色魚鬆和紅紫蘇粉兩種顏色做成的，也可以只做一種。不妨做出喜歡顏色的醋飯，變化出各種漂亮顏色的牽牛花吧！

【材料】

• 粉紅色魚鬆飯（醋飯55g＋粉紅色魚鬆5g）　60g
　→分成20g×3
• 紅紫蘇粉飯（醋飯60g＋紅紫蘇粉1小匙）　60g
　→分成20g×3
• 醋飯　235g
　→分成10g　15g　100g　25g×2　10g×2　40g
• 小黃瓜　10cm
• 甜醋薑（碎末）　10g
• 熟白芝麻　1小匙
• 海苔　2cm　4cm　½張×3　¾張　1＋½張　⅓張×2

• 粉紅色魚鬆　• 紅紫蘇粉
• 小黃瓜　• 甜醋薑　• 熟白芝麻

不敗絕招

◆用細圓卷組合成花朵。

◆一枝花用2種醋飯來做，等於一次就做出2種顏色的花朵來。

◆重點在於小山的位置和高度，以及夾進小山裡的海苔要修整出漂亮的圖案。

【海苔的份量圖】

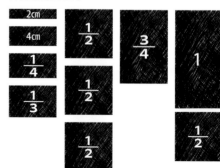

1 製作葉子。將小黃瓜縱切成3等分，然後將海苔（2cm）夾進左右那兩條的切面。

2 製作藤蔓。將10g醋飯放在海苔（4cm）上，捲成細卷。

3 製作花朵。將20g粉紅色魚鬆飯和20g紅紫蘇粉飯放在海苔（½張）上，做成細細的圓卷，共做出3條。縱向對切後，會使用到5條。

4 將③那5條醋飯倒蓋在海苔（¾張）上，一一排緊（魚鬆飯和紅紫蘇粉飯的方向要一致）。再將15g醋飯捏成棒狀放在中央。

5 拿起竹簾，捲成圓筒狀。

6 組合全體。將100g醋飯鋪開在海苔（1+½張）上，注意右側要預留出8cm空隙，然後均勻撒上甜醋薑末和熟白芝麻。

7 做出2個25g醋飯的小山，放在⑥的醋飯中央，然後將海苔（⅓張）對摺，放在小山與小山之間貼住醋飯。

8 將海苔（¼張）對摺，再將②的藤蔓放在海苔中央，然後在藤蔓兩側各鋪開10g醋飯。

9 將①的葉子放在小山與小山之間，再將⑧的海苔的面貼在⑦的左邊那個小山的旁邊，接著再將⑤的花朵放在右邊那個小山的旁邊。

10 拿起竹簾，慢慢將左右收緊，然後蓋上40g醋飯後，將海苔捲合起來。

11 拿掉竹簾，將整條造型壽司放在砧板上，然後蓋上竹簾，從上往下壓實固定並修整成圓筒狀。拿掉竹簾後即可切塊。

利用厚蛋燒、黑板寺食材富做造型壽司圖案的一部分。可以直接利用食材本身的形狀，也可以切成想要的形狀。起司魚板、香腸、小黃瓜、味噌醃山牛蒡等，都是用途廣泛的材料，適用於各個地方。切開食材來利用時，要將橫切面的形狀切成一致，那麼之後不論從哪裡切開，就都能切出圖案相同且漂亮的造型壽司了。

鈴鐺

利用厚蛋燒的切塊組成鈴鐺，再用摻進青海苔的醋飯將整體包起來。與「聖誕老人」（p.48）、「麋鹿」（p.44）一起擺盤，最適合於聖誕節時上桌了。

【材料】

- 青海苔飯（醋飯180g+青海苔1小匙+熟白芝麻、美乃滋各½小匙） 180g
    →分成100g　20g×2　20g×2
- 厚蛋燒　3×3×10cm　0.5×3.5×10cm
- 味噌醃山牛蒡　10cm
- 醃野澤菜的莖　10cm
- 海苔　½張×2　¼張×2　1+⅓張

- 厚蛋燒
- 味噌醃山牛蒡
- 醃野澤菜的莖
- 青海苔　• 熟白芝麻
- 美乃滋

不敗絕招

◆製作青海苔飯時，先將美乃滋拌進醋飯中，再撒上青海苔和白芝麻，才比較容易拌勻。

◆用滑刀的方式切厚蛋燒，才能切出鈴鐺漂亮的弧形。

◆在組合全體之前，要用青海苔飯貼住鈴鐺的左右邊，將空隙填滿。

◆在組合全體時，須注意左右的醋飯量要一致，才能讓鈴鐺位置居中。

【海苔的份量圖】

1 製作鈴鐺。將大的厚蛋燒切成頂端成圓形的梯形，再將小的厚蛋燒切成梯形，也就是左右各切掉一些。

2 將①各用海苔（½張）捲起來，重疊成鈴鐺狀。

3 切掉味噌醃醃山牛蒡的部分圓邊，用海苔（¼張）捲起。醃野澤菜也用海苔（¼張）捲起來。

4 組合全體。將100g青海苔飯均勻地鋪在海苔（1+⅓張）上，注意左右端要各預留4cm空隙，並在中央做出寬1cm左右的淺溝槽。

5 將③的味噌醃醃山牛蒡放進④的溝槽裡，切面朝上，再疊上②的鈴鐺和③的醃野澤菜。

6 將20g青海苔飯捏成扁平的棒狀，共做2個，然後貼上⑤的鈴鐺的兩側。

7 拿起竹簾，將左右收緊。然後在鈴鐺上的醃野澤菜的左右邊各放上20g青海苔飯，並且推平將整個蓋起來。

8 將海苔捲合起來。

9 拿掉竹簾，將整條造型壽司放在砧板上，蓋上竹簾，從上往下壓實固定，並修整成四方形。

10 拿掉竹簾後即可切塊。

將2條魚板組合成企鵝的身體,這麼一來,醋飯的用量就能減少一些了。翅膀部分要另行製作,再組裝起來。改變黑眼珠的形狀和位置,表情就不一樣了。

【材料】
- 醋飯　30g
　→分成15g×2
- 黑芝麻飯(醋飯130g+黑芝麻粉2大匙+紅紫蘇粉1小匙)　130g
　→分成60g　10g×2　50g
- 粉紅色魚鬆飯(醋飯25g+粉紅色魚鬆5g)　30g
　→分成15g×2
- 厚蛋燒　1×1×10cm
- 魚板　直徑4.5cm×長10cm 2條
- 海苔　¼張　1張　⅓張×2　⅓張×2　1張　1+⅔張
　黑眼珠用的海苔少許

- 黑芝麻粉　　• 紅紫蘇粉
- 粉紅色魚鬆　• 厚蛋燒　• 魚板

不 敗 絕 招

◆用海苔仔細捲牢魚板固定住。

◆捲起魚板後,可以在海苔上黏飯粒當做粘著物,將魚板牢牢捲住,不讓海苔散開。

◆頭的部分,先將醋飯做成帶狀後再放上去,會比較容易組合。

【海苔的份量圖】

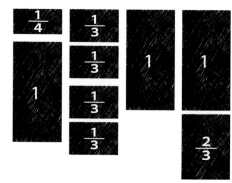

1 製作嘴巴。將厚蛋燒切成邊長1cm的三角形棒狀,用海苔(¼張)捲起來。

2 製作身體。將2條魚板合起來,用海苔(1張)捲起來。

3 製作眼睛。將15g醋飯鋪在海苔(⅓張)上,捲成圓條狀。共做2條。

4 製作雙腳。將15g粉紅色魚鬆飯鋪在海苔(⅓張)上,捲成橢圓狀。共做2條。

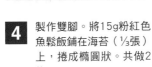

5 製作翅膀。將海苔(1張)橫放,然後將60g黑芝麻飯放在海苔中央,鋪開成寬4cm,再捲成橢圓狀。

6 組合全體。將④的雙腳並排在海苔(1+⅔張)中央,然後放上②的身體。

7 將10g黑芝麻飯捏成長10cm的棒狀,共做2條,再並排於⑥的身體上。

8 將①的嘴巴以倒三角形放在⑦的黑芝麻飯中間,再放上③的眼睛。

9 將50g黑芝麻飯均勻鋪開成寬6cm長10cm。

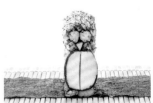

10 將⑨蓋在⑧的眼睛上面,做出頭部。

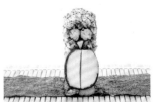

11 拿起竹簾捲起,在海苔的邊緣以飯粒當做粘著物,確實將海苔牢牢捲合起來。

12
拿掉竹簾,將造型壽司上下顛倒後,再次用竹簾捲起,將頭部捲圓,並修整全體的形狀。

13 將⑫切成4塊。將⑤的翅膀切成8塊後,分別組合起來。最後把海苔切成眼珠貼上去。

這款造型壽司的特徵是以伊達卷來做鹿角。將伊達卷打開，塞進醋飯。另外做出臉部後，再與伊達卷做成的鹿角組合。但要特別注意臉部與鹿角的大小要取得平衡。

【材料】

- 雞肉鬆飯（醋飯90g＋雞肉鬆20g） 110g
  →分成50g 20g 40g
- 醋飯 130g
  →分成100g 15g×2
- 煮干瓢 10g
- 起司魚板 長10cm 2條
- 伊達卷 10cm
- 海苔 ⅓張 ⅓張×2 1張 1＋⅔張 黑眼珠用的海苔少許

- 伊達卷 ・雞肉鬆
- 煮干瓢 ・起司魚板

不敗絕招

◆依伊達卷的大小，調整塞進裡面的醋飯的份量。

◆將醋飯塞進伊達卷時，要注意調整醋飯的份量，讓伊達卷有1cm左右的開口。

◆組合臉部和鹿角時，要在左右邊的空隙裡確實塞滿醋飯固定住。

◆捲起臉部和組合全體時，都要修整成漂亮的三角形。

【海苔的份量圖】

1
製作鼻子。將煮干瓢切成長10cm，鋪在海苔（⅓張）上，由前向後捲，捲完後用飯粒黏合。

2
製作眼睛。用海苔（⅓張）捲起起司魚板。共做2條。

3
製作臉部。將①的鼻子放在海苔（1張）的中央，然後將50g雞肉鬆飯放在上面，鋪開寬7cm。

4
在③的雞肉鬆飯兩側放上②的眼睛，中間再塞進20g雞肉鬆飯。

5
將40g雞肉鬆飯捏成6×10cm的帶狀，放在④上面，輕輕壓實。

6
拿起竹簾，捲起來。

7
拿掉竹簾，將造型壽司放在砧板上，鼻子部分朝上，然後蓋上竹簾，從上往下壓實固定，並修整成三角形。

8
製作鹿角。打開伊達卷，塞進100g醋飯（請依伊達卷的尺寸調整醋飯份量），然後用竹簾輕輕捲緊。

9
組合全體。將⑧的鹿角放在海苔（1+⅔張）中央。

10
將⑦的臉部放在⑨的鹿角上面，鹿角和臉部接合處的兩側各塞進15g醋飯。

11
拿起竹簾，先捲上一邊的海苔，再於另一邊的海苔邊緣黏上飯粒當做粘著物，然後將整個海苔捲合起來。

12
拿掉竹簾，將造型壽司放在砧板上，臉部朝上，然後蓋上竹簾，從上往下壓實固定，並修整成三角形。拿掉竹簾後即可切塊。然後用切成圓狀的海苔當做眼珠，貼在起司魚板做成的眼睛上面就完成了。

◆ 利用裡卷

裡卷就是最外層用醋飯捲起來的壽司。能夠運用裡卷的話，表現方式就更豐富了。加州卷（p.98）也是使用這種手法。很多外國人士不喜歡吃海苔，這種做法便很受歡迎。在竹簾上鋪一層保鮮膜再捲，醋飯就不會黏在竹簾上了。此外，切塊時要連同保鮮膜一起切。

■■ 電車

用厚蛋燒和魚板做車體，然後將車體當做芯，再用摻進鱈魚子的醋飯將全體做成裡捲就完成了。特徵在於做為車輪的起司魚板是用1張海苔捲成的。切塊擺盤時，不妨將好幾塊連成一列電車吧！

【材料】

• 鱈魚子飯（醋飯120g+鱈魚子30g）　150g
　→分成100g　50g
• 厚蛋燒　1.5cm×5×10cm
• 魚板　1×5×10cm
• 起司魚板　10cm 2條
• 海苔　1cm×3　5cm　17cm　1+⅓張

• 鱈魚子
• 厚蛋燒
• 魚板
• 起司魚板

擺盤時，可以將切塊的電車連成一長列。

不敗絕招

◆切厚蛋燒和魚板時，厚度要一致。放在有刻度的砧板上切會比較方便。

◆為了讓車輪的位置固定好，鋪開醋飯的寬度要正確，並且兩個車輪之間要確實塞滿醋飯。

◆將全體修整成漂亮的四方形。最好邊從側面觀察圖案邊修整。

【海苔的份量圖】

1cm
1cm
1cm
5cm
17cm
1
⅓

1 製作車體。將魚板切成4等分的棒狀,中間夾進海苔(1cm),排成一列。

2 將海苔(5cm)放在厚蛋燒上,再放上①的魚板。

3 用海苔(17cm)將②捲起來。

4 組合全體。在竹簾上鋪上保鮮膜,放上海苔(1+⅓張),然後將100g鱈魚子飯均勻地鋪在海苔上,注意左右端各要預留出4cm空隙。

5 將④上下翻面,鱈魚子飯朝下。

6 將③的車體放在⑤的海苔中央,魚板朝下,然後在距離海苔邊緣2cm處,左右各放1條起司魚板。

7 用下面的海苔將起司魚板捲起,一直捲到鋪開的醋飯邊緣。

8 拿起竹簾,將左右收緊,讓起司魚板堆到車體上面。

9 在合上之前,放50g鱈魚子飯上去,並且推平。

10 蓋上竹簾將全體合起來,一邊修整成四方形一邊壓實固定。

11 一拿開竹簾,就要立刻將造型壽司放在砧板上,然後蓋上竹簾,再次修整形狀。最好從側面一邊確認圖案一邊修整。

12 拿掉竹簾後,即可連同保鮮膜一起切塊。

聖誕老人

組合臉部和帽沿，鬍子部分則用裡卷來表現。醋飯的部分，雖然同是紅色，但可以改變所摻進的材料及用量，就能分別做出不同的顏色了。眉毛、眼睛、嘴巴、帽穗都切好後，再裝飾上去就完成了。

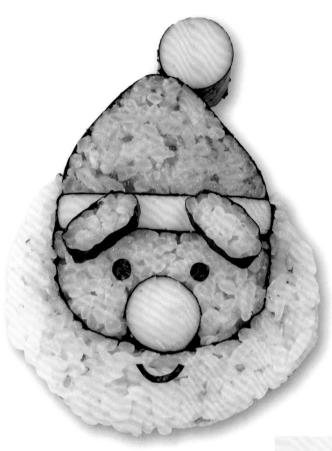

【材料】
- 醋飯　15g
- 鱈魚子飯（醋飯75g+鱈魚子5g）　80g
  →分成40g×2
- 粉紅色魚鬆飛魚子飯（醋飯60g+粉紅色魚鬆10g+飛魚子10g）　80g
- 白芝麻飯（醋飯110g+熟白芝麻½小匙+甜醋薑末10g）　120g
- 魚板　10cm
- 起司魚板　10cm　2條
- 海苔　⅔張　⅓張×2　⅓張　¾張　1/+½張
  眼睛和嘴巴用的海苔少許

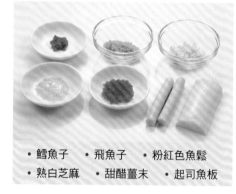

- 鱈魚子　• 飛魚子　• 粉紅色魚鬆
- 熟白芝麻　• 甜醋薑末　• 起司魚板

不敗絕招

◆組合全體時，讓海苔表面（有光澤那一面）朝上，再鋪開白芝麻飯，就能鋪得漂亮了。

◆臉部、帽沿、帽子的寬度，全部都要一致。

◆製作帽子時，宜在附有刻度的砧板上邊測量邊做出形狀。

◆鬍子部分，用醋飯擺成斜緩的山型，注意要中央厚兩側薄。

◆切塊時，請將整條造型壽司放置穩當後，連同保鮮膜一起切。

【海苔的份量圖】

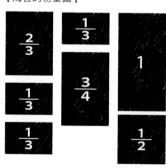

1

製作帽沿。將魚板切成5×0.5×10cm的板狀，用海苔（⅔張）捲起來。

2

製作帽穗和鼻子。用海苔（⅓張）將起司魚板捲起來。共製作2條。

3

製作眉毛。將醋飯放在海苔（⅓張）上，捲成橢圓狀。

4

捲起臉部和帽沿。將②的鼻子放在海苔（¾張）中央。

5 將各40g鱈魚子飯捏成棒狀，放在鼻子的左右側，修整成梯形蓋住鼻子。

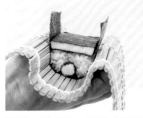

6 拿起竹簾，修整成半圓形，然後將①的帽沿放在鱈魚子飯上面，再將海苔合起來。

7

組合全體。在竹簾上鋪上保鮮膜，然後放上海苔（1+½張）。將白芝麻飯放在中央，並鋪開成寬10cm，注意中央要稍微隆起。

8

將⑦上下翻面，放在保鮮膜上，讓飯面朝下。

9

製作帽子。將粉紅色魚鬆飛魚子飯做成邊長5cm、10cm、10cm的三角形棒狀。

10

將⑥放在⑧的海苔中央，上面再放上⑨的帽子。

11 拿起竹簾，將左右收緊，並將左右邊的海苔各貼在帽子上然後捲起，修整成水滴狀。

12

拿掉竹簾。連同保鮮膜一起切成4塊。

13 將②的帽穗切成4等分，將③的眉毛切成8等分的薄片（只會用到2片）裝飾在⑫上然後放上海苔做的眼睛和嘴巴。

向日葵

用海苔捲起干瓢當做花莖。花瓣部分是做出許多個橢圓形的細卷後再對切。最後組合全體並捲成圓筒狀。花瓣上的黃色則是摻進了厚蛋燒；只要善加利用製作造型壽司時所切剩下來的部分，就不會浪費了。

【材料】

- 雞肉鬆飯（醋飯45g＋雞肉鬆5g） 50g
- 蛋末飯（醋飯60g+切碎的厚蛋燒30g） 90g
  →分成15g×6
- 醋飯 160g
  →分成100g 30g×2
- 小黃瓜 20cm
- 煮干瓢 15g
- 海苔 ½張 ⅓張×6 2cm×2 ½張×2 ⅔張 1+½張

- 雞肉鬆
- 厚蛋燒
- 小黃瓜
- 煮干瓢

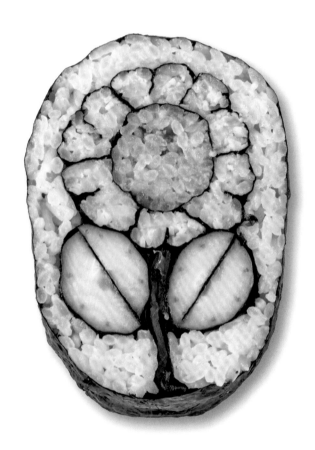

不敗絕招

◆做成花瓣的細卷必須大小一致，請特別注意份量和捲法。

◆切開花瓣的細卷時，要待海苔濕潤後再一口氣切下，就不會變形了。

◆組合花朵時，要將當做芯的圓卷放在竹簾上，再將花瓣一條一條放上去。竹簾只打開一點點，邊挪出位置邊放花瓣。

◆捲起整朵花時，務必要收緊不讓花瓣散開。

【海苔的份量圖】

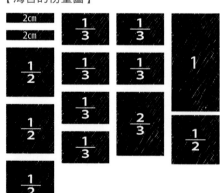

1 製作花心。將雞肉鬆飯放在海苔（½張）上，捲成圓筒狀。

2 將15g蛋末飯放在海苔（⅓張）上，捲成圓條狀，再全部從上往下壓成橢圓形的細卷。共製作6條。

3 將②全都縱向對切。

4 將①放在竹簾上，再將③一條一條放在①上面，注意醋飯的切面要貼住①，然後圍成一圈。在竹簾中邊挪位置邊放。

5 將12條花瓣全部放上去後，將竹簾捲圓，修整形狀。

6 製作葉子。將小黃瓜切出10cm長，再縱向切成3等分。然後將海苔（2cm）夾進左右邊那兩條的切面後，用海苔（½張）捲起來。共製作2條。

7 製作花莖。將干瓢橫切成10cm，放在海苔（⅔張）上，鋪成4cm寬後捲起來。

8 組合全體。將100g醋飯均勻地鋪在海苔（1+½張）上，注意左右端要各預留出4cm空隙，然後將⑤的花朵放在醋飯中央。

9 在⑧的花朵上立起⑦的花莖，再將⑥的葉子放在花莖的兩側，注意葉面的海苔要傾斜並左右對稱。

10 在⑨的葉子上面各放30g醋飯。拿起竹簾，合上海苔並且捲緊。

11 拿掉竹簾，將造型壽司放在砧板上，再蓋上竹簾，從上往下壓實固定並修整形狀。拿掉竹簾後即可切塊。

櫻花樹

這款做法中的干瓢，並不用海苔捲起，而只是夾進去後，再一點一點放上醋飯，做出分枝的樹幹。用重疊的干瓢來表現樹幹的粗大，也是製作重點之一。此外，放在樹幹左右邊的醋飯份量並不相同，以此來表現非對稱展開的樹枝構圖。

【材料】

- 醋飯　200g
  →分成100g　30g　30g　40g
- 粉紅色魚鬆飯（醋飯140g＋粉紅色魚鬆20g＋紅醋薑末10g）　170g
  →分成40g　20g　30g　80g
- 煮干瓢　25g
- 熟白芝麻　½小匙
- 明太子　5g
- 青海苔　少許
- 醃野澤菜（碎末）　少許
- 海苔　⅙張×2　1+⅓張　⅙張

- 煮干瓢　　• 粉紅色魚鬆　　• 紅醋薑
- 明太子　　• 熟白芝麻　　• 青海苔
- 醃野澤菜

不敗絕招

◆請想像成，一開始放上去的醋飯小山中間，長出一條樹幹來。

◆用兩團醋飯做成的小山，左右兩端要堆得稍高一點。

◆樹幹要牢牢塞進醋飯中間，讓它直立起來。

◆最後放上去的粉紅色魚鬆飯，要事先做成魚板的形狀後再放，整體造型就很容易表現出來了。

【海苔的份量圖】

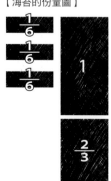

1 製作樹幹。將干瓢切成10cm長，鋪開在海苔（⅙張）上，再疊上海苔（⅙張）。

7 將40g魚鬆飯捏成圓棒狀，放在⑥的樹幹右側，再將20g魚鬆飯捏成圓棒狀，放在樹幹左側。

2 組合全體。將100g醋飯鋪開在海苔（1+⅔張）上，注意左右端要各預留5cm空隙，再將熟白芝麻均勻地撒在醋飯上。

8 將海苔（⅙張）對摺。將⑦的樹幹頂端打開，然後將海苔摺痕朝下地貼上去，讓樹幹展開呈V字形。

3 將30g醋飯放在②的醋飯中央偏左處，並做成小山。小山的左端要捏得稍高一些。

9 將30g魚鬆飯捏成棒狀，鋪在⑧的展開的樹幹左上方。

4 在③的小山的右側立起①的樹幹（樹幹的位置要剛好在下面那層醋飯的中央）。

5 將30g醋飯放在④的樹幹右側，並做成小山。小山的右端要捏得稍高一些，但要與③的小山等高。

10 將80g魚鬆飯捏成長10cm的魚板狀，放在⑨上面。

6 在③、⑤的小山的內側斜面上撒上明太子。

11 拿起竹簾，左右收緊。將40g醋飯蓋在上面，合上海苔，牢牢捲起來。拿掉竹簾，將造型壽司放在砧板上，然後蓋上竹簾，從上往下壓實固定並修整形狀。拿掉竹簾後即可切塊。最後，將青海苔和醃野澤菜末混合後，貼在樹的下方。

柿子

接在柿子果實上的樹枝也是用干瓢做的，但重點在於樹枝有長有短。而樹枝上的兩片葉子也是呈非對稱構圖。在樹枝與果實、葉子之間分別塞進醋飯時，須注意整體的平衡，才能呈現出漂亮的圖案來。

【材料】

• 醋飯　200g

　→分成100g　10g　20g　15g　15g　40g

• 飛魚子飯（醋飯65g+飛魚子15g）　80g

• 煮干瓢　20g

• 小黃瓜　10cm

• 熟白芝麻　1小匙

• 菠菜（煮後瀝掉水分）　10g

• 海苔　3cm　²∕₃張　¹∕₃張×2　³∕₄張　1+¹∕₂張

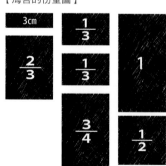

• 飛魚子　• 煮干瓢　• 小黃瓜
• 熟白芝麻　• 菠菜

不敗絕招

◆為了讓短枝能確實直立起來，要用菜刀切開醋飯再將短枝放進去。

◆為了表現出非對稱的構圖，放在各個部位的醋飯份量有少許差異，必須確實計量出正確的份量來。

◆放上樹枝和葉子的時候，要邊想像捲起來以後的模樣，邊調整所放的位置和角度。

◆由於很容易出現小細縫，因此放進醋飯時，要確實塞滿。

【海苔的份量圖】

3cm	¹∕₃	
²∕₃	¹∕₃	1
	³∕₄	¹∕₂

1 製作2根樹枝。將1條煮干瓢展開成寬1cm後，放在海苔（3cm）上捲起。再將剩下的煮干瓢展開成寬6cm後，放在海苔（⅔張）上捲起來。

2 製作葉子。將小黃瓜切成正方形棒狀那樣切掉四個圓邊，然後將切下來的圓邊每2個組合起來，各用海苔（⅓張）捲起來。

3 製作柿子的果實。將菠菜切成10cm長，放在海苔（¾張）中央。再將飛魚子飯捏成棒狀後放上去，捲成橢圓狀。

4 組合全體。將100g醋飯鋪在海苔（1＋½張）上，注意左右兩端各要預留出4cm空隙，然後均勻地撒上熟白芝麻。

5 在4的醋飯中央用10g醋飯做成小山，然後於小山的右側放上1條2的葉子，葉子要呈右上左下傾斜，再於葉子右側放上20g醋飯。

6 將20g醋飯捏成寬2cm、長10cm的棒狀，用菜刀縱向劃出切口。將1的窄的那片樹枝插進醋飯的切口裡，然後放在3的果實的菠菜上面。

7 將1的寬的那片樹枝斜放在5的上面，右邊再橫放另一條葉子。

8 將15g醋飯放在7的樹枝的左邊，再將6樹枝朝下地放上去。

9 葉子和柿子的果實之間放進15g醋飯。

10 拿起竹簾，左右收緊，然後放上40g醋飯，合上海苔，確實捲緊。拿掉竹簾，將造型壽司放在砧板上，再蓋上竹簾，從上往下壓實固定並修整形狀。拿掉竹簾後即可切塊。

松樹

常說「松竹梅」，松樹是喜慶祝賀的圖案之一。用海苔捲起干瓢，做成粗壯的樹幹。樹幹左右邊的醋飯份量有點不同，再平衡地放置松葉後，讓樹幹彎曲成S形。整體呈現沉穩的大地色系，而將暴醃蘿蔔和佃煮摻進醋飯裡，風味更是一絕。

【材料】

- 暴醃蘿蔔飯（醋飯200g＋暴醃蘿蔔末20g） 220g
  →分成100g　20g　40g　40g　20g
- 青海苔飯（醋飯85g＋青海苔1大匙＋綠色飛魚子15g） 100g
  →分成40g　30g　30g
- 佃煮飯（醋飯40g＋佃煮蝦米5g＋黑芝麻粉½大匙） 50g
  →分成25g×2
- 煮干瓢　30g
- 海苔　1張　1+½張

- 暴醃蘿蔔　　• 綠色飛魚子　　• 煮干瓢
- 黑芝麻粉　　• 青海苔　　　　• 佃煮蝦米

不敗絕招

◆樹幹要下粗上細，因此疊放干瓢時，就要疊出適當的粗細來。

◆在當做松葉的青海苔飯之間塞進暴醃蘿蔔飯時，各部位的蘿蔔飯份量須事先捏成棒狀。

◆重疊醋飯時，要確實壓實固定。

◆用海苔捲干瓢時，要捲成漂亮的彎曲狀，讓樹幹看起來彎彎曲曲的。

【海苔的份量圖】

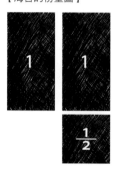

1 製作樹幹。將煮干瓢在海苔（1張）上排出寬7cm的一層後，將剩餘的煮干瓢繼續疊上去，注意要疊成前端較厚。

2 將①的海苔摺成3摺，將干瓢包起來。

3 組合全體。將100g暴醃蘿蔔飯鋪在海苔（1+½張）上，注意左右端各要預留出5cm空隙。

4 將40g青海苔飯捏成寬3cm左右的扁棒狀，放在③的醋飯中央。

5 將20g暴醃蘿蔔飯捏成棒狀，斜放在④的青海苔飯左邊。

6 將①的細的那端樹幹朝下，立在④的青海苔飯上面，再用40g捏成棒狀的暴醃蘿蔔飯放在右邊，並讓樹幹彎向右側。

7 將30g青海苔飯捏成棒狀，疊在右邊的暴醃蘿蔔飯上面，再將30g青海苔飯捏成棒狀，疊在左邊的暴醃蘿蔔飯上面。

8 將40g暴醃蘿蔔飯捏成棒狀，疊在左邊的青海苔飯上。再用20g暴醃蘿蔔飯捏成棒狀，疊在右邊的青海苔飯上，讓樹幹彎向左側。

9 各用25g佃煮飯放在樹幹的左右邊，然後鋪平。

10 拿起竹簾，左右收緊，合上海苔，確實捲緊。拿掉竹簾，將造型壽司放在砧板上，蓋上竹簾，從上往下壓實固定並修整形狀。拿掉竹簾後即可切塊。

造型壽司很喜歡採用動物或動物的卡通造型，並利用組裝眼睛和耳朵等細部來創造表情。耳朵最後才裝上去，對造型壽司的初學者來說，應該比較容易些！p.60的「兔寶寶」也是最後才裝上耳朵的。當然也可以將耳朵包進去，捲成一條大型的造型壽司。

熊 貓

簡單的顏色就能做出可愛的表情，熊貓向來是造型壽司的人氣題材。眼睛和耳朵都是取海苔的長邊然後橫著捲，這樣就能減少捲的次數而能做得一模一樣。將眼睛切成2等分、耳朵切成8等分後使用。

【材料】
- 暴醃蘿蔔飯（醋飯190g＋暴醃蘿蔔末30g＋
  熟白芝麻1小匙） 220g
  →分成20g　100g　15g　15g　15g×2　40g
- 黑芝麻飯（醋飯75g＋黑芝麻粉5g＋紅紫蘇粉少許） 80g
  →分成30g　50g
- 煮干瓢　10cm 2條
- 味噌醃山牛蒡　3cm
- 海苔　縱½張　縱¾張　⅓張　⅓張　1+⅓張

- 暴醃蘿蔔
- 熟白芝麻
- 黑芝麻粉
- 紅紫蘇粉
- 煮干瓢
- 味噌醃山牛蒡

不 敗 絕 招

◆眼睛要捲成橢圓形，並排成倒八字讓眼角下垂。

◆嘴巴部分是切開細卷，但不完全切斷海苔，然後打開切面成曲線。

◆組合醋飯或各個部分時，要一邊考量最後完成的表情而注意左右對稱。

◆最後捲起時，要讓頭頂成圓形，下巴則稍微平整一點。

【海苔的份量圖】

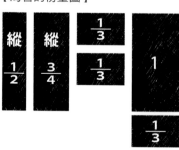

1 製作耳朵。將海苔（縱½張）橫放，鋪上30g黑芝麻飯，捲成圓卷，切成8等分。

2 製作眼睛。將海苔（縱¾張）橫放，鋪上50g黑芝麻飯，捲成橢圓形，對切。

7 眼睛中間塞進15g暴醃蘿蔔飯，再把④的鼻子放在中央。

3 製作嘴巴。將20g暴醃蘿蔔飯鋪在海苔（⅓張）上，捲成圓卷，然後縱向對半劃出切口，打開切面。

4 製作鼻子。將煮干瓢鋪在海苔（⅓張）的前端，然後由前往後捲圓。

8 鼻子的左右邊各放進15g暴醃蘿蔔飯，然後推平，再放上③的嘴巴，切面朝下。

所有的組成部分

9 將40g暴醃蘿蔔飯蓋在⑧的嘴巴上面，修整成圓形。

5 製作臉部。將100g暴醃蘿蔔飯鋪在海苔（1+⅓張）上，注意左右端要各預留出4cm空隙，推成中央高起的山型。

10 拿起竹簾，左右收緊，合上海苔，仔細壓實固定。拿掉竹簾，將造型壽司上下顛倒過來，再重新利用竹簾一邊觀察圖案一邊修整成橢圓狀。拿掉竹簾，切成4塊，將①的耳朵以及切成薄片的味噌醃醯山牛蒡裝飾上去就完成了。

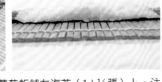

6 將15g暴醃蘿蔔飯放在⑤的蘿蔔飯中央，做成小山，再倒八字地將②的眼睛放在小山的左右邊。

兔寶寶

兔寶寶的耳朵，是用加了明太子的醋飯捲成細長的勾玉狀做成的。再和另外做出來的臉部相結合就完成了。臉頰的粉紅色是用粉紅色魚鬆做的，表情十分可愛而特別。

【材料】
* 醋飯　100g
　→分成50g×2
* 暴醃蘿蔔飯（醋飯120g＋暴醃蘿蔔末15g）　135g
　→分成20g　50g　15g　10g×2　30g
* 粉紅色魚鬆飯（醋飯25g＋粉紅色魚鬆5g）　30g
　→分成15g×2
* 明太子　10g
* 起司魚板　10cm 2條
* 味噌醃山牛蒡　10cm
* 海苔　⅔張×2　⅓張×2　¼　⅓　1+¼張　黑眼珠用的海苔少許

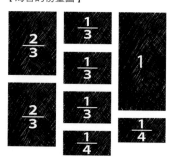

* 暴醃蘿蔔　　• 粉紅色魚鬆　　• 明太子
* 起司魚板　　• 味噌醃山牛蒡

不敗絕招

◆耳朵捲成水滴形再做出彎曲狀，表情就出來了。

◆捲起臉部時，一開始鋪在海苔上的醋飯要做成平緩的山型。如此一來，眼睛等臉部組成部分會較靠近下方，表情就會變得更可愛。

◆臉頰不要做得太大，位置大約和鼻子等高。

◆兩隻耳朵可以直直地，也可以向左右傾斜。

【海苔的份量圖】

	⅓	
⅔	⅓	1
⅔	⅓	
	¼	¼

1 製作耳朵。將50g醋飯鋪在海苔（⅔張）上，後端要預留1cm空隙，再將5g明太子塗在醋飯中央成寬3cm後，將海苔對摺，海苔的邊緣要摺進去。接著按壓前端，修整成細長的水滴形。拿掉竹簾後再捲一次，修整成有弧度的勾玉形。共製作2條。

7 用15g暴醃蘿蔔飯鋪在⑥的醋飯中央，做成小山，然後在左右兩邊放上③的眼睛。眼睛的左右兩邊再各放上10g暴醃蘿蔔飯。

2 將①各切成4塊。

8 將④的鼻子放在⑦的中央，鼻子左右邊各放上15g粉紅色魚鬆飯，魚鬆飯的高度要與鼻子等高。

3 製作眼睛。用海苔（⅓張）捲起魚板。共製作2條。

4 製作鼻子。用海苔（¼張）捲起味噌醃醬山牛蒡。

9 將⑤的嘴巴切面朝下地放在⑧上面，再蓋上30g暴醃蘿蔔飯，並將頂部修整成圓形。

5 製作嘴巴。將20g暴醃蘿蔔鋪在海苔（⅓張）上，捲成細圓卷，用手按壓成橢圓形，然後縱向劃出切口，打開切面。

10 拿起竹簾，左右收緊，合上海苔，仔細壓實固定。拿掉竹簾，將造型壽司上下顛倒重新捲起，修整成圓筒狀。拿掉竹簾，切成4塊，再裝上②的耳朵以及切成圓形的海苔眼珠就完成了。

6 製作臉部。將50g暴醃蘿蔔飯鋪在海苔（1+¼張）上，注意左右端要各預留出7cm空隙，中央要稍微堆高一點成山型。

用醋飯做
文字的文字卷

文字卷可以表現出姓名和祝賀詞，因此很受歡迎。這裡以「日」和「本」為例，介紹將醋飯捲成細長狀後再組合成文字的技法。文字卷適合筆畫不多的漢字或數字。不論要組合出哪個字，都要仔細計量好正確的各部分醋飯用量，並注意粗細須一致。

 日

只要組合出直線和直角就能完成「日」字了，這算是比較簡單的文字卷，也是初次挑戰的人最適合製作的文字卷。可以排成「日本」，也可以排成「○○之日」，用途廣泛，請仔細掌握製作訣竅吧！

【材料】

• 粉紅色魚鬆飯
　（醋飯90g＋粉紅色魚鬆20g＋明太子10g）　120g
• 醋飯　80g
　→分成40g×2
• 暴醃蘿蔔飯
　（醋飯120g＋暴醃蘿蔔末20g＋熟白芝麻½小匙）　140g
　→分成100g　40g
• 海苔　⅔張×2　½張×3　1+½張

• 粉紅色魚鬆
• 明太子
• 暴醃蘿蔔
• 熟白芝麻

不敗絕招

◆要製做文字的醋飯，厚度要鋪得均勻，長度要計量正確。

◆用海苔捲起要做文字的醋飯後，再將全部排在一起，用竹簾從上往下壓實固定。除了讓海苔確實附著，也讓厚度一致。

◆組合文字時，須注意該橫的要橫、該直的要直。

◆組合全體時，須注意別讓組合好的文字散開。

【海苔的份量圖】

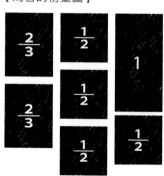

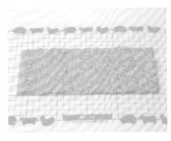

1 製作文字組成部分。將粉紅色魚鬆飯鋪在有刻度的砧板上，鋪成24×10cm。

2 在①上面蓋一層保鮮膜，然後用菜刀切出2條寬6cm、3條寬4cm。

3 為了不讓②崩散，將菜刀以平刀的方式滑進底部，將②從砧板上取下來，然後寬6cm的用⅔張海苔捲起，寬4cm的用½張海苔捲起來。

4 捲完後，將③全部排在砧板上，蓋上竹簾輕輕施壓，使厚度一致、海苔完全附著。

所有的文字組成部分

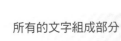

5 組合文字。各用40g醋飯鋪在④的寬4cm的上面。鋪2條。

6 將⑤疊在一起，再放上另一條寬4cm的。

7 在⑥的左右邊，各貼上④的寬6cm的。

8 用竹簾捲起⑦，收緊並修整形狀。

9 組合全體。將100g暴醃蘿蔔飯鋪在海苔（1+½張）上，注意左右端要各預留出4cm空隙。

續下頁　▶

10 將⑧的文字放在⑨的中央，注意不讓散開，拿起竹簾，左右收緊。

12 一拿掉竹簾，就要立即將造型壽司上下顛倒再重捲一次，並且邊注意文字的平衡邊修整成四方形。拿掉竹簾，切成4塊。

11 將40g暴醃蘿蔔飯放在文字上面，鋪平，合上海苔，確實捲緊。

百變造型壽司
大拼盤

這是以菊水、松樹等喜慶的圖案，再加上「日本」文字卷所組成的拼盤。可視各種場合需要而變化拼盤的組合內容。當然也可以放進握壽司和加州壽司卷。

 **本**

不光是重疊和連接組合部分而已，這個「本」字還用到了切開後插入、夾進等技巧。「本」字的筆畫雖然都是直線，但長短略微不同才能組合出漂亮的字形，因此確實計量出長度是重要關鍵。

【材料】
- 粉紅色魚鬆飯（醋飯85g＋粉紅色魚鬆10g＋明太子5g）　100g
- 醋飯　120g
  →分成30g　15g×2　10g×2　20g×2
- 暴醃蘿蔔飯（醋飯115g＋暴醃蘿蔔末15g＋熟白芝麻½小匙）　130g
  →分成100g　30g
- 海苔　⅔張×2　½張×2　⅓張　1+½張

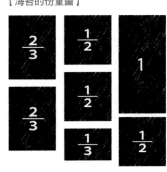

- 粉紅色魚鬆　• 明太子
- 暴醃蘿蔔　• 熟白芝麻

不 敗 絕 招

◆將各個部分組合起來時，務必仔細壓實固定。

◆填塞醋飯時，須注意左右均一，才能左右對稱。而且要確實填滿，不要出現空隙。

◆切開文字組成部分時，須注意中央不要散開。

◆組合全體時，須注意文字不要變形走樣，而且要置於中間。

【海苔的份量圖】

⅔	½	1
⅔	½	
	⅓	½

續下頁　▶

1

製作文字組成部分。將粉紅色魚鬆飯鋪在有刻度的砧板上，鋪成20×10cm。

2

在 ① 上面蓋一層保鮮膜，用菜刀切出寬6cm、寬5cm、2條寬3.5cm、2cm。

3

為了不讓 ② 崩散，將菜刀以平刀的方式滑進底部，將 ② 從砧板上取下來，然後寬6cm和5cm的用⅔張海苔捲起，寬3.5cm的用½張海苔捲起，寬2cm的用⅓張海苔捲起來。

4

捲完後，將 ③ 全部排在砧板上，蓋上竹簾輕輕施壓，使厚度一致、海苔完全附著。

所有的文字組成部分

5

組合文字。在 ④ 的寬5cm的上面放30g醋飯後鋪平。

6 將 ⑤ 上下翻面，縱向對切，再插上寬6cm的部分。

7 將2條寬3.5cm的部分各自貼上用15g醋飯做成的三角形小山，然後斜放在 ⑥ 的左右邊，將醋飯塞緊固定住。

8 在 ⑦ 的上面的空隙中，再左右各塞進10g醋飯，並且推平。

9 將寬2cm的部分縱向對切，放在 ⑧ 所推平的醋飯上，使之夾在垂直立起部分的兩邊。

10 在⑨的上面，再左右各放上20g醋飯並推平，然後用手將文字全體修整成四方形。

14 一拿掉竹簾，就要立即將造型壽司上下顛倒再重捲一次，並且邊注意文字的平衡邊修整成四方形。也可以將造型壽司放在砧板上，然後蓋上竹簾來修整形狀。拿掉竹簾後即可切塊。

11
組合全體。將100g暴醃蘿蔔飯鋪在海苔（1＋½張）上，注意左右要各預留出4cm空隙。

和p.62的「日」組合成「日本」。

12 將⑩的文字放在⑪的中央，注意不讓文字散開。然後拿起竹簾，左右收緊。

13 將30g暴醃蘿蔔飯放在⑫的文字上面後鋪平，再合上海苔，仔細壓實固定。

筆畫多，或者筆畫中有撇、豎彎鉤這種複雜的文字時，用干瓢就能成功表現出來了。基本上，就是將干瓢做出文字的一個筆畫的長與寬，然後用海苔捲起來再加以組合。由於這是左右非對稱的文字，因此捲完後，先將邊緣薄薄切掉一層，直到看得出文字很工整後，再進行切塊。

祝

「祝」字也可以說是文字卷的基本款。先做出左邊的「ネ」，再做出右邊的「兄」，然後組合起來就完成了。「兄」的「口」是用厚蛋燒做的，算是有點變化。由於文字是倒著組合出來的，因此組合時要特別注意左右及上下的位置與方向。

【材料】

- 醋飯　150g
  →分成30g　20g　10g　40g　15g　15g　20g
- 粉紅色魚鬆飯
  （醋飯125g＋粉紅色魚鬆15g＋熟白芝麻½小匙）　140g
  →分成100g　40g
- 厚蛋燒　2×2.5×10cm
- 煮干瓢　適量
- 海苔　3cm　⅓張　⅓張　¼張　⅓張　½張　½張
  ½張　1+½張

- 煮干瓢
- 厚蛋燒
- 粉紅色魚鬆飯
- 熟白芝麻

不敗絕招

◆「ネ」和「兄」要等高，因此組合時要特別注意左右平衡。

◆連結的筆畫要確實組合好，不要分離。

◆筆畫與筆畫之間要確實填滿醋飯，切開時才不會出現空隙。

◆放上去和貼上去時，都要仔細壓實固定。

◆最後組合全體時，須注意不讓文字變形走樣。

【海苔的份量圖】

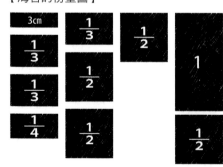

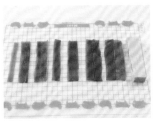

1 製作文字組成部分。將煮干瓢展開成文字一個筆畫的寬度，分別用海苔捲起來。干瓢的寬度與海苔的長度如下：

	煮干瓢的寬度	海苔的長度
❶	1 cm	3 cm
❷	2 cm	¹⁄₃張
❸	2.5 cm	¹⁄₃張
❹	1.5 cm	¹⁄₄張
❺	2 cm	¹⁄₃張
❻	3 cm	¹⁄₂張
❼	4 cm	¹⁄₂張

2 將厚蛋燒用海苔（¹⁄₂張）捲起來❽。

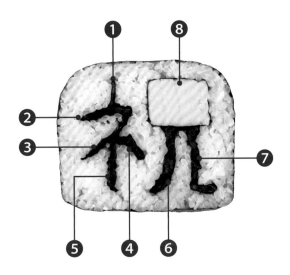

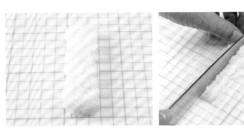

3 製作「ネ」字邊。將30g醋飯鋪成寬3cm、高1cm、長10cm，用菜刀縱向從中間劃出切口。

4 在③的切口中插進❶，然後在上面蓋上❷。

5 將20g醋飯放在④上面，捏成向左下傾斜的小山，然後將❸放在斜面上。

6 將10g醋飯放在④上面，捏成三角形的小山，放在⑤的左邊，醋飯朝下緊貼住。

7 將40g醋飯捏成正三角形棒狀，放在⑥上面。

續下頁 ▶

8 在⑦放上去的醋飯中央用菜刀劃出切口，插進❺。

9 製作「兄」字邊。將❽的厚蛋燒橫放在❽的左側。

10 將15g醋飯放在❻上面，推成一邊厚一邊薄的傾斜狀。然後將醋飯厚的那一邊朝下，放在❾的厚蛋燒的右上方。

11 將15g醋飯捏成寬3cm、長10cm，貼在⑩所放上去的❻的左邊。

12 將20g醋飯鋪在❼上面，邊緣預留出一點空隙後，將空隙部分的干瓢向上摺起貼住醋飯。

13 將⑫貼在⑪的左邊。

14 組合全體。將100g粉紅色魚鬆飯鋪在海苔（1＋½張）上，注意左右端要各預留出5cm空隙，然後將⑬的文字放在中央。

15 拿起竹簾，左右收緊，再蓋上40g魚鬆飯後鋪平，然後合上海苔。

16 拿掉竹簾，將造型壽司放在砧板上，再蓋上竹簾，從上往下壓實固定，並修整成四方形。拿掉竹簾，先將邊緣薄薄切掉一層，直到看得出文字很工整後，再進行切塊。

壽

紀念日、新年、敬老節等喜慶時，這個「壽」文字卷最應景了。由於用到很多重疊、交叉的技巧，筆畫又多，因此製作上必須多費心思。重點在於干瓢的寬度須一致，組合筆畫時不要變形走樣，就能做出工整的壽字了。

【材料】
- 醋飯　180g
  →分成90g　20g　15g×2　10g　30g
- 粉紅色魚鬆飯（醋飯125g+粉紅色魚鬆15g）　140g
  →分成100g　40g
- 味噌醃山牛蒡　10cm
- 煮干瓢　適量
- 熟白芝麻　1小匙
- 海苔　½張×4　¾張　⅔張　¼張　1+½張

- 煮干瓢　• 味噌醃山牛蒡
- 粉紅色魚鬆　• 熟白芝麻

不敗絕招

◆用海苔捲起煮干瓢後，放一陣子干瓢卷就會縮短，因此捲的時候不要捲得過緊。

◆重疊干瓢卷時，不要左右移位，務必完全吻合地疊起來。

◆用菜刀切開或是劃出切口時，須注意不讓各部分散開。

◆干瓢卷之間要確實塞滿醋飯，不要產生空隙。

◆除了將文字修整成四方形，也要將整個造型壽司修整成四方形。

【海苔的份量圖】

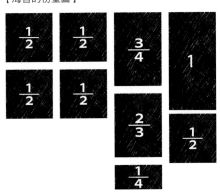

續下頁 ▶

1

製作文字組成部分。將煮干瓢展開成文字一個筆畫的寬度，分別用海苔捲起來。干瓢的寬度與海苔的長度如下：

	煮干瓢的寬度	海苔的長度
❶	各3 cm	各½張
❷	4 cm	½張
❸	6 cm	¾張
❹	5 cm	⅔張

2

用海苔（¼張）捲起味噌醃山牛蒡❺。

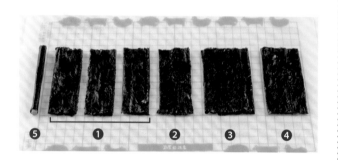

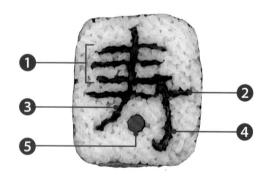

3 製作文字。將90g醋飯均勻地鋪在砧板上，鋪開成20×10cm的薄片，然後蓋上保鮮膜，切出5條寬4cm。

4 拿掉保鮮膜，將❶、❷一個個放上去，貼在醋飯上。然後從砧板上取下來，依❷、❶的順序，將干瓢面朝下地一一疊上來。

5 將砧板上最後那一片醋飯疊在④上面，然後從上往下壓實固定。

6 將⑤縱向對半切開，再上下翻轉過來。

7 將❸插進⑥中間。

8 將20g醋飯放在⑦的❸的右上方，並且讓❸的前端向右傾斜。

9 將15g醋飯放在④上面，前後要各預留出0.5cm空隙。將前端的干瓢向上摺起後，上下翻面，背面也同樣鋪上15g醋飯。

10 在⑧的左側的干瓢卷中央，用菜刀劃出切口，劃至碰到第二片干瓢就停止。

15 組合全體。將100g粉紅色魚鬆飯鋪在海苔（1+½張）上，左右端要各預留出4cm空隙，然後撒上白芝麻，將⑭的文字放在中央。

11 將⑨插進⑩的切口中。

16 拿起竹簾，左右收緊，再放上40g魚鬆飯後鋪平，合上海苔。

12 用10g醋飯填滿⑪的中央所出現的空隙。

17 拿掉竹簾，將造型壽司放在砧板上，蓋上竹簾，從上往下壓實固定，並修整成四方形。拿掉竹簾，先將邊緣薄薄切掉一層，直到看得出文字很工整後，再進行切塊。

13 將⑤放在⑫上面。

14 用30g醋飯鋪在⑬上面，然後將全體修整成四方形。

福

同「祝」的方法一樣，先做出左邊的「ネ」，再做出右邊的「畐」，然後兩相結合就完成了。這裡示範的是用厚蛋燒和粉紅色魚鬆飯做為文字的一部分，但也可以利用魚板或其他配色來做。

【材料】
- 醋飯　125g
  →分成30g 20g 10g 40g 15g 10g
- 粉紅色魚鬆飯（醋飯145g＋粉紅色魚鬆15g＋熟白芝麻½小匙）　160g
  →分成20g 100g 40g
- 厚蛋燒　2×2.5×10cm
- 煮干瓢　適量
- 海苔　⅓張　2.5cm　2cm　½張　3cm　⅓張　⅓張　¼張　⅓張
  ⅓張　1＋½張

- 煮干瓢　• 厚蛋燒
- 粉紅色魚鬆　• 熟白芝麻

不敗絕招

◆「ネ」和「畐」要等高，因此組合時要特別注意左右平衡。

◆「畐」的部分，每一小部分都要排成整齊的水平狀。

◆「ネ」和「畐」不要排得太開。

◆放上去和貼上去時，都要仔細壓實固定。

◆最後組合全體時，須注意不讓文字變形走樣。

【海苔的份量圖】

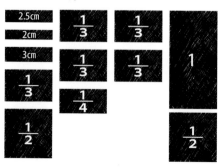

1

製作文字組成部分。將20g粉紅色魚鬆飯捏成棒狀，放在海苔（⅓張）上，捲成寬2cm的扁平四方形❼。

2

先從厚蛋燒的寬2cm那一面對切，夾進海苔（2.5cm）後合起，再從寬2.5cm那一面對切，夾進海苔（2cm）後合起。最後用海苔（½張）將全部捲起來❽。

3

將煮干瓢展開成文字一個筆畫的寬度，分別用海苔捲起來。干瓢的寬度與海苔的長度如下：

	煮干瓢的寬度	海苔的長度
❶	1 cm	3 cm
❷	2 cm	⅓枚
❸	2.5 cm	⅓枚
❹	1.5 cm	¼枚
❺	2 cm	⅓枚
❻	2 cm	⅓枚

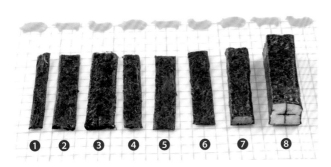

❶ ❷ ❸ ❹ ❺ ❻ ❼ ❽

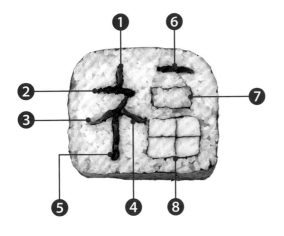

4

和「祝」（p.69～70）的方法一樣，製作「ネ」。

5

將15g醋飯鋪在❻上面，干瓢面朝下地放在④的左側，再放上❼的魚鬆飯卷。

6

將10g醋飯放在⑤上，再放上❽的厚蛋燒。

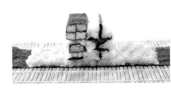

7

組合全體。將100g魚鬆飯鋪開在海苔（1+½張）上，注意左右端要各預留出5cm空隙，中央再放上⑥的文字。

8

拿起竹簾，左右收緊，再放上40g魚鬆飯後鋪平，合上海苔。

9

拿掉竹簾，將造型壽司放在砧板上，蓋上竹簾，由上往下壓實固定並修整成四方形。拿掉竹簾，先將邊緣薄薄切掉一層，直到看得出文字很工整後，再進行切塊。

這種技法是直接捲出造型壽司的整體外型。最後捲起全體時，刀道要拿捏適當，應從側面一邊觀察形狀一邊修整，才能讓整卷壽司的形狀一致。此外，切塊時須特別注意不讓形狀走樣。這種技法可以依創意而做出各形各狀，因此掌握相關技巧後，就能自行發揮了！

■ 麻 雀

這款造型壽司，是取小鳥飛行姿勢的側影，再配上沉穩的色系，表現出可愛討喜的模樣。身體的下腹部使用白色的魚板，不但顏色鮮明，也讓整體更容易定型，製作起來更方便。

【材料】

- 佃煮飯（醋飯110g＋佃煮蝦米末10g） 120g
- 魚板 10cm
- 小黃瓜 縱向對切後10cm
- 醃黃蘿蔔 邊長1cm的正三角形棒狀 10cm
- 黑芝麻粉 少許
- 海苔 ⅓張 ½張 ¼張 1＋⅓張 眼睛用的海苔少許

- 魚板
- 小黃瓜
- 醃黃蘿蔔
- 佃煮蝦米

不 敗 絕 招

◆做為身體下半部的魚板，要用滑刀的方式滑進去，才能切出漂亮的形狀。

◆醋飯要先稍微捏出造型後，再放在魚板上。

◆尾巴和嘴巴部分，由於海苔很容易脫落，因此要先摺一下海苔再牢牢捲起來。

◆切塊時，要將整條造型壽司確實放穩後再切。

【海苔的份量圖】

⅓	1
½	
¼	⅓

製作身體的下半部。將魚板切出最厚的地方為厚度1.5cm。將圓的那一面朝下,垂直放在砧板上,從左邊算起寬度為⅔處下刀,向左削出圓弧狀。接著從最右端下刀,削到之前下刀的那個地方為止,也是削成圓弧狀。

2
將海苔(⅓張)貼在 1 的魚板切面上,多餘的部分切掉。

3 製作尾巴和嘴巴。將小黃瓜的切面朝下,在厚度的一半處劃刀,斜切成細長條的三角形。

4 用海苔(½張)捲起 3 的小黃瓜(尾巴),也用海苔(¼張)捲起醃黃蘿蔔(嘴巴)。

5 組合全體。將 2 放在海苔(1+⅓張)的中央,然後將佃煮飯捏成橢圓形放上去。佃煮飯的形狀要修整成左高右低,順著下面的魚板凹下去。

6 拿起竹簾,右端放上尾巴,左端放上嘴巴。

7 摺起左側的海苔,把嘴巴捲進去後壓實。左側海苔貼住佃煮飯後,再摺起右側的海苔,讓海苔完整貼合起來。然後一邊從側面觀察圖案一邊收緊,並修整出小鳥的形狀。

8 拿掉竹簾後即可切塊。貼上海苔眼睛,再於眼睛下方撒上黑芝麻就完成了。

■■ 吉他

僅捲出吉他的半邊琴身，切開時，左右打開，琴身就完整了。因此，一條只能做出兩把吉他。這是很注重左右對稱的技法，而琴頸、弦、琴鈕等部分，是最後再裝飾上去的。

【材料】
- 雞肉鬆飯（醋飯105g＋雞肉鬆15g）　120g
  →分成70g　40g　10g
- 厚蛋燒　2.5×2×6.5cm 2條
- 起司魚板　1條
- 小黃瓜的皮　少許
- 味噌醃山牛蒡　少許
- 海苔　¼張　1張　裝飾用的海苔少許

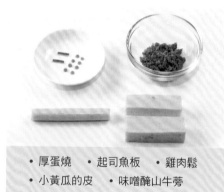

- 厚蛋燒　• 起司魚板　• 雞肉鬆
- 小黃瓜的皮　• 味噌醃山牛蒡

不敗絕招

◆醋飯的形狀要捏塑成如吉他琴身般和緩的曲線。

◆修整琴身的形狀時，要讓左右兩端像是能夠垂直立起來一般，打開後才能形成漂亮的形狀。

◆切開時或劃出切口時，都要注意不讓琴身的曲線走樣。

◆劃出切口時，當劃到一個深度後，就不要前後移動菜刀，只是將刀往下切。拔出菜刀時，造型壽司會黏著在菜刀上，就利用這個作用迅速將切口打開。

【海苔的份量圖】

¼

1

1 製作琴頭和琴頸。厚蛋燒直放，頂端預留2cm，左右各切掉0.3cm左右。頂端預留的部分，左右各斜切掉一點成為梯形。

2 製作音孔。將起司魚板縱向對切，再將其中1條用海苔（¼張）捲起（只使用1條）。

3 製作琴身。將海苔（1張）放在竹簾上，再將[2]放在中央。

4 在[3]的左上方放70g雞肉鬆飯，右上方放40g，全都修整成魚板狀。

5 在[4]的兩個魚板狀之間的凹處填進10g雞肉鬆飯，然後修整成吉他琴身的側面形狀。

6 在海苔的右端貼幾顆飯粒，當合上海苔時仔細黏住。拿起竹簾的左邊，將海苔黏上醋飯，右邊也同樣做，然後將竹簾從上往下壓實，讓海苔緊緊貼附住。

7 拿掉竹簾，將造型壽司放在砧板上，再蓋上竹簾，從上往下壓實固定，並修整形狀。

8 拿掉竹簾，對半切成2塊。接著，在每1塊對半的地方，用菜刀劃出切口，注意不要把最下面的海苔切斷，然後用菜刀小心打開切口。

9 將[8]的琴身與[1]的琴頭和琴頸相結合，再裝飾上海苔、小黃瓜的皮、味噌醃山牛蒡就完成了。

富士山

白雪皚皚的富士山景致，令人欣喜。天空和山麓特別用了不同顏色的醋飯來巧妙搭配，山頂則是用魚板切出來的。由於尺寸不小，捲製時要特別注意形狀並仔細壓實固定，才能呈現出一體感。

【材料】
- 明太子飯（醋飯60g＋明太子10g） 70g
  →分成10g 40g 20g
- 綠色飛魚子飯（醋飯45g＋綠色飛魚子15g） 60g
- 青海苔飯（醋飯50g＋青海苔1小匙＋
  醃野澤菜的莖的碎末10g） 60g
- 粉紅色魚鬆飯（醋飯40g＋粉紅色魚鬆1小匙） 40g
  →分成20g×2
- 飛魚子飯（醋飯40g＋飛魚子10g） 50g
- 魚板 10cm
- 魚肉香腸 10cm
- 明太子 少許
- 海苔 ½張 ¼張 ¾張 1＋½張

- 魚板 ・魚肉香腸
- 綠色飛魚子
- 青海苔 ・明太子
- 醃野澤菜
- 粉紅色魚鬆
- 飛魚子

不敗絕招

◆要摻進青海苔飯裡面的醃野澤菜末，須充分擰乾水分。

◆魚板要切出漂亮的山型，並切出鋸齒狀來表現雪山的模樣。

◆用魚板和兩種顏色的醋飯，來表現富士山和緩的斜坡。

◆放在山左右的醋飯等要注意布置得平衡，才能讓山的位置居中。

◆將全體修整成圓弧的魚板狀。

【海苔的份量圖】

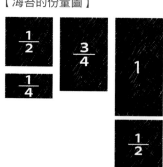

1 製作太陽。將魚肉香腸切掉⅓寬，用海苔（½張）捲起來。

2 製作飛翔的小鳥。將10g明太子飯鋪在海苔（¼張）上，捲成細細的圓卷後，縱向劃刀對切，將切口打開。

3 製作富士山。魚板直放，左右斜切成上邊1cm、下邊4cm的梯形。

4 將③倒放，在長邊切出3～4根鋸齒狀。

5 將海苔（¾張）鋪在竹簾上，中央放上④，拿起竹簾，將海苔貼住④的側面。然後放上綠色飛魚子飯並且鋪平，接著放上青海苔飯，將全體修整山的形狀。

6 將⑤的山放在砧板上，蓋上竹簾，從上往下壓實固定，並修整形狀。切掉多餘的海苔部分。

7 組合全體。將⑥放在海苔（1+½張）的中央。

8 將20g明太子飯捏成圓棒狀，放在右山麓邊，再將40g明太子飯捏成三角形棒狀，放在左山麓邊。

9 將①的太陽放在右邊的醋飯上，將②的小鳥切面朝下地放在左邊的醋飯上。

10 各用20g粉紅色魚鬆飯蓋在⑧的太陽和小鳥上。

11 將明太子塗在⑩的魚鬆飯上。

12 將飛魚子飯蓋在山的上面，修整成魚板狀。

13 拿起竹簾，左右收緊，合上海苔。然後拿掉竹簾，將造型壽司放在砧板上，再蓋上竹簾，由上往下壓實固定，並修整形狀。拿掉竹簾後即可切塊。

■ 海邊風光

矗立在海邊的燈塔、落入海面的太陽、翱翔的海鷗沐浴在夕陽中，這款造型壽司便是呈現如此美麗的海邊風光。彩霞的顏色是用摻進不同材料的醋飯來表現出層次感。最後將全體收緊成四方形就完成了。

【材料】

• 粉紅色魚鬆飯（醋飯85g＋粉紅色魚鬆15g）　100g
　　→分成15g×2　30g　20g　20g
• 青海苔飯（醋飯60g＋青海苔1小匙＋美乃滋少許）　60g
• 飛魚子飯（醋飯45g＋飛魚子5g）　50g
　　→分成30g　20g
• 鱈魚子飯（醋飯120g＋鱈魚子10g）　130g
　　→分成10g×4　20g×2　50g
• 魚板　10cm2條
• 魚肉香腸　10cm
• 鱈魚子　10g
• 厚蛋燒（碎末）　2小匙
• 海苔　1cm×2　½張　⅓張　½張　½張　⅓張×2　1+⅔張
　　⅓張　3cm

• 魚板　• 魚肉香腸　• 粉紅色魚鬆
• 青海苔　• 鱈魚子　• 飛魚子
• 厚蛋燒　• 美乃滋

【海苔的份量圖】

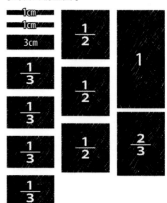

不敗絕招

◆關於醋飯的顏色，只要一點一點將材料放進醋飯中拌勻，邊觀察顏色變化邊調整到適當的顏色就行了。

◆切開魚板或魚肉香腸時，要善用菜刀，切出適當的形狀。

◆各個組成部分之間，須用醋飯確實填滿。

◆最後要將全體做成漂亮的四方形，因此左右邊務必平衡地填塞醋飯。

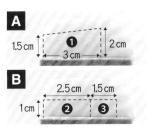

A 1.5 cm ❶ 2 cm 3 cm

B 2.5 cm 1.5 cm 1 cm ❷ ❸

1 製作燈塔。將魚板切出如上圖所示的形狀。要切出厚1cm時，靠著魚板的板子切，就能切出正確的厚度了。

2 將1中的❷切成3等分的棒狀，中間夾進海苔（1cm）後，再用海苔（½張）捲起來。

3 將1中的❸的左右上角切成圓弧狀，成為一條半圓形的棒狀，再用海苔（⅓張）捲起來。1中的❶則是用海苔（½張）捲起來。

4 製作太陽。將魚肉香腸的圓邊切掉¼，用海苔（½張）捲起來。

5 製作海鷗。用海苔（⅓張）捲起15g粉紅色魚鬆飯，然後縱向從中間劃出切口後，打開切口。共製作2條。

所有的組成部分

6 製作風景。將青海苔飯鋪在海苔（1+⅔張）上，鋪成寬5cm，右側鋪低一點做出斜面。然後蓋上海苔（⅓張）。

7 在6的斜面右側放上30g飛魚子飯，然後蓋上海苔（3cm）。

8 將4的太陽切口朝下地放在7的上面。

9 將❸放在❷的中央，左右邊各放上10g鱈魚子飯。再將各10g鱈魚子飯放在❶的兩個寬面上。然後將全部組合起來成為燈塔。

10 在8的左邊放上9的燈塔。

續下頁 ▶

11 在燈塔和太陽之間塞進30g魚鬆飯，然後放上1條⑤的海鷗。

16 拿起竹簾，左右收緊，在左右邊緣各放上½小匙的厚蛋燒，然後於中央塗上5g鱈魚子。最後再將50g鱈魚子飯整個鋪平在上面。

12 將20g飛魚子飯放在太陽上面，然後將5g鱈魚子塗在上面。

17 合上海苔，一邊修整成四方形一邊收緊。拿掉竹簾，將造型壽司放在砧板上，再蓋上竹簾，從上往下壓實固定，並修整形狀。拿掉竹簾後即可切塊。

13 將20g魚鬆飯疊在鱈魚子上，然後將½小匙的厚蛋燒均勻地放上去。

14 放上另1條海鷗，再放上20g魚鬆飯。

15 將各20g鱈魚子飯貼在⑭的左右側並壓緊。

◆ 第3章
造型創意壽司

細工壽司的歷史相當悠久,而近年來,透過更加現代風的細工與造型,令人賞心悅目的壽司工藝便普及開來了。此外,更出現從海外引進的新型壽司,加州卷便是代表性的一例。本章將介紹稍加下工夫就能完成,以及壽司店也爭相製作的新舊創意壽司。

小鰭魚的花式刀工

小鰭魚壽司是江戶前壽司的經典代表，也可說是壽司店的技藝表徵。前置作業和刀工因店而異，但光憑下刀方式，就能讓壽司更容易吃、更賞心悅目了。這裡介紹的是魚排（半片魚身）的代表性花式刀工。

將一尾切成兩半，先去掉背鰭。在魚身中間亦即最厚的部分，縱向劃出一道稍深的切口，然後稍微張開切口。

在魚身上斜劃出菱格狀的切口。所有切口的間隔須一致。倘若間隔太粗的話就顯得不夠細緻，須特別注意。

斜斜劃出一道稍深的切口，然後同樣斜劃出另一道切口與之交叉。兩道切口的長度須一致。

在頭的那一端預留0.5cm左右，再縱向切成三條後編起來。每一條的粗細須一致。

在魚身上斜劃出間隔0.2～0.3cm的切口。所有切口須平行，魚身較厚的部分切深一點，薄的部分則切淺一點。

花枝的細工

花枝正因為是純白色，因此屬於很容易進行細工的材料。這裡介紹能夠速成的握壽司，以及必須下工夫才能完成的握壽司。雖然這種壽司很大眾化，但加以細工後，就能顯得更高貴精緻了。

◆鶴

◆花枝

1 將花枝切成4×8cm，四個角各切掉一點點。

4 將15g醋飯用一般握壽司的方式握著，然後放上③，蓋上布，從上往下壓實固定，並修整形狀。

1 將花枝切成5×8cm，直放，左右各斜切掉一部分成等邊三角形。

4 將15g醋飯捏成稍長的三角形。

2 將一個長邊切成平緩的弧形。

5 將當做頭的那一部分彎到身體上。

2 在①的下面切出2cm左右的切口，做為花枝的腳。

5 將②放在④上面，蓋上布，從上往下壓實固定，並修整形狀。

3 在②的另一個長邊距邊緣0.5cm處切出一道切口（當做頭部）。其餘部分劃出數道切口方便食用。

6 分別用鮪魚做鶴冠、用小黃瓜的皮做鶴嘴、用海苔做眼睛。

3 將①切掉的部分切成一個小三角形，表面斜劃出菱格紋切口，做為花枝的頭鰭。

6 放上③，用竹籤撥開花枝的腳，再貼上2粒鮭魚子當眼睛。

◆櫻

1 將花枝切成6×7cm，直放，從中間劃出一道切口。

5 將4對摺。

2 將1上下翻面，左右邊各斜切掉0.5cm左右。

6 將15g醋飯握成圓形。

3 將1小匙粉紅色魚鬆鋪在2的中央，用湯匙背面壓實。

7 將5從邊緣起切成5等分，做為花瓣。

4 切出0.5×7cm的海苔，放在3的邊緣。

8 將7放在6上面，排出花的形狀。

◆兔

1 將花枝切成3×8cm，橫放，左右邊各斜切掉一部分。

6 在5上面斜劃出淺淺的菱格紋切口，背面再橫劃出一道細淺的切口。

2 在1的中央薄薄削出寬2cm左右的溝。

7 將15g醋飯像平常那像握著，再將6放上去。

3 將鮪魚切成1×3cm薄片，放進2的溝裡，然後用花枝將鮪魚包起來似地對摺。

8 將布蓋在7上面，從上往下壓實固定，並修整形狀。

4 將3從邊緣起切成薄片。

9 將4的其中2片以及2粒鮭魚子放在7上面就完成了。

5 再切出一塊4×8cm的花枝，四個角各切掉一點點。

◆孔雀

1 將花枝切成6×8cm，直放，左右邊各斜切掉一部分。

5 將④對摺。從邊緣起切出8個薄片。

9 切出一條長8cm的花枝，並將一端切成尖狀，放在⑧上面當成脖子。

2 在①的中央削出一個凹處來。

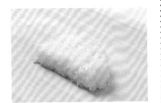

6 將40g醋飯握成扇形。

10 將5g鮭魚子放在前方的空白處。

3 將5g弄散的鱈魚子以及切成細三角形棒狀的小黃瓜放在②的凹處。

7 將⑤放在⑥上面，排成扇形。

11 將小黃瓜皮切出細細的切口，並撥開切口。

4 切出0.5×8cm的海苔，放在③的邊緣。

8 將布蓋在⑦上面，從上往下壓實固定，並修整形狀。

12 將⑪當成頭冠，再用切成細長狀的小黃瓜皮當成鳥嘴，最後用切得小小的海苔當成眼睛。

◼◼ 五花八門的配料

利用佐料或是略加細工，光是在配料上做變化，就能創作出百變的握壽司了。請依味道和顏色的搭配做自由發揮，說不定能發現超乎意料的好滋味，也就更能表現出匠心獨具了。

◆ 扇貝＋檸檬

用一條海苔帶子將扇貝握壽司圍繞起來，然後縱向劃一道切口，再夾進一條切得薄薄的檸檬。檸檬的酸能帶出扇貝的美味。享用時可拿掉檸檬。

◆ 鮪魚＋蔥芽

在鮪魚握壽司上面放蔥芽和紅色嫩芽。添加帶香氣並有點麻麻辣辣的佐料後，能讓鮪魚濃郁的滋味變得清爽起來。用醃鮪魚來做也很搭。

◆ 厚蛋燒＋鮭魚子

切一塊厚厚的厚蛋燒，在切面的中央劃出切口，塞滿醋飯後，再放上粉紅色魚鬆和鮭魚子。光是加上鮭魚子，就豪華得令人眼睛一亮了。

◆ 白肉魚＋紅薑

在白肉魚握壽司（照片為比目魚）上面，放上切得細細的紅薑絲，再用切成帶狀的青紫蘇圍繞起來，不但味道很搭，外觀也很搶眼。夏天的話，可以改放水果醋凍。

◆ 甜蝦＋海膽

甜蝦握壽司上面放海膽，可以帶出甘甜美味，是一次能享受兩種好滋味的奢華握壽司。須將蝦子的尾巴往身上摺，不要掉下來。造型鋪得漂亮，奢華感將倍增。

◆ 花枝＋鮭魚

將鮭魚切細後捲成花形，再裝飾上嫩葉，放在花枝握壽司上。可享精緻的細工之樂。鮭魚的份量只要一點點就夠了，因此請善加利用切剩的邊角料。

◆利用海苔、青紫蘇

A	用2條切成細絲狀的青紫蘇,將花枝握壽司交叉圍繞起來。
B	用1條切成1cm左右帶狀的海苔,將花枝握壽司圍繞起來。
C	將切成片狀的青紫蘇放在花枝握壽司上,再用切成帶狀的海苔圍繞起來。
D	用切成1cm左右帶狀的青紫蘇和海苔,將白肉魚握壽司圍繞起來。
E	在醋飯和白肉魚之間,夾進切好的青紫蘇後握起來。
F	用切成2cm左右的帶狀青紫蘇,將白肉魚握壽司斜斜圍繞起來。

白肉魚和花枝,都是光用海苔或青紫蘇圍起來或者夾進去,就能別具風格的握壽司。

用寬1cm的海苔將花枝握壽司圍繞一圈後,再次壓實固定,並修整形狀**B**。

將白肉魚切成與醋飯同大小,再放上切好的青紫蘇,最後放上醋飯握起來**E**。

◆玫瑰花

將醋飯握成圓狀,再放上鮪魚、鮭魚、白肉魚做成的花朵。每一朵花,都是分別將這些材料削成薄片後,再用4片捲製而成的。醋飯上面先鋪上切好的青紫蘇,再放上花朵,最後將1cm細丁狀的厚蛋燒去掉邊角後,塞進花的中心就完成了。

將切成薄片的配料一片片直排連成一長條,然後從頭開始一層層向另一邊鬆鬆捲過去並同時捲起,然後繼續一面左右捲下去一面從上往下捲起來。

將醋飯握圓,上下壓實,修整成漂亮的圓形。再讓中心稍微凹進去,才能讓花朵穩穩地放上去。

◆康乃馨

將小黃瓜皮旋削下來後,細切成葉子和莖,再用飛魚子、粉紅色魚鬆、鮭魚子做成花朵,然後放在花枝握壽司上面。這是母親節時最討喜的裝飾壽司了。

由於各部分都很細小,用竹籤來布置會比較方便。

軍艦卷的基本技術

用海苔圍繞一圈後，整體輪廓就會突顯出來，因此醋飯必須握得好，軍艦才會漂亮。此外，為了讓配料能放置穩當，做為基底的醋飯必須確實握緊，海苔則要高出醋飯0.5cm左右，配料才不會掉落。

◆鮭魚子軍艦卷

1 握好醋飯。

2 用切成寬3cm的海苔將[1]圍繞一圈。

3 圍繞完後，黏上飯粒固定住海苔。

4 用湯匙將鮭魚子放上去。

軍艦卷的變化

由於醋飯可以自由塑形，因此能依握法的不同而創作出嶄新的壽司造型，甚至做出複雜的數字和文字也都輕而易舉。此外，也可以用薄煎蛋皮和薄切蔬菜來取代海苔，這種方法很受不愛吃海苔的外國人士歡迎。

◆圓形軍艦卷

1 將醋飯握成直徑4cm左右的扁圓形。

2 用切成寬3cm的海苔將[1]圍繞一圈後，黏上飯粒固定住海苔。最後放上鮭魚子。

◆用蛋皮製作軍艦卷

1 握好醋飯後，用切成寬3cm的薄煎蛋皮圍繞一圈。

2 將三葉菜的莖稍微汆燙一下後，圍繞壽司一圈並打結，然後放上飛魚子。

◆用小黃瓜捲軍艦卷

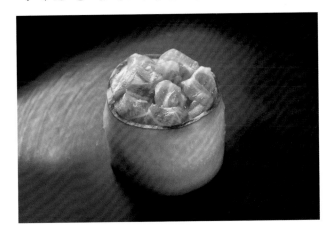

1 將醋飯握成圓形,用小黃瓜(薄切後,用稀釋的鹽水浸10分鐘左右)圍繞一圈。

2 放上切成細丁狀的鮭魚。

◆用蘿蔔捲軍艦卷

1 握好醋飯,用蘿蔔(薄切後,用稀釋的鹽水浸20分鐘左右,然後用甜醋醃漬)圍繞一圈。

2 放上切成細丁狀的鮪魚,再用細葉芹(或是嫩葉)貼在蘿蔔上。

◆用軍艦卷做出數字

1 將摻入粉紅色魚鬆的醋飯排成數字形狀,高度大約是1.5cm。

2 切出數條寬2cm的海苔(如果只用醋飯,上面不放配料的話,就是寬1.5cm),邊緣貼上飯粒連成需要的長度。

3 將②貼在①的四周圍。細微部分要用竹籤幫忙貼緊。最後貼上飯粒黏住海苔。

4 放上鮭魚子或飛魚子,做出喜歡的顏色。

■■ 手鞠壽司的
基本技術

手鞠壽司的重點在於將全體捏塑成圓滾滾的球狀。放在醋飯上的配料須切成薄薄的正方形。像蝦子這類各部位厚度不一的配料，就要稍加修整成厚度一致，並將四個角削成斜面使邊緣變薄，才能更與醋飯融為一體。

◆紅蝦手鞠壽司

1 打開煮熟的紅蝦的腹部後，對半切開，再切成4cm左右的正方形，較厚處稍微修掉讓厚度一致，再將四個角削成斜面。

2 將15～20g醋飯輕輕握成球狀。

3 鋪一張保鮮膜（或是布），將1的紅色蝦身朝下放上去，再放上2。

4 捲起保鮮膜讓蝦子和醋飯緊密結合，再將全體修整成球狀。

■■ 手鞠壽司的
變化

組合不同的配料，或是在醋飯裡摻入粉紅色魚鬆等讓醋飯上色，也可以使用不常用的配料等，種種創意和細工都能自由發揮。將手鞠壽司組合成一朵花，雖然模樣簡單，卻風采奪目。

◆小鰶魚配明太子的手鞠壽司

將半邊魚身斜切成5片細薄片，然後在保鮮膜上排成放射狀。放上輕輕握成糰狀的醋飯，然後捲起保鮮膜修整成球狀。最後將撥鬆了的明太子放在中央。

◆紅蝦配鰻魚的手鞠壽司

做出基本的紅蝦手鞠壽司後，放上切成小方塊的蒲燒鰻魚，再點綴上蘿蔔嫩芽。適當地加上佐料，不但顏色更鮮艷，味道也會更豐富。

◆花枝配海膽的手鞠壽司

將花枝切成4cm左右的薄正方形,四個角都削成斜面。放在醋飯上一起握成球狀後,放上海膽,再點綴上義大利香芹。

◆白肉魚配飛魚子的手鞠壽司

將摻入飛魚子的醋飯和白肉魚一起握成球狀,再裝飾上綠色飛魚子。白肉魚要盡量切薄,才能讓醋飯的顏色透出來。

◆蛋皮的手鞠壽司

將摻入粉紅色魚鬆的醋飯用薄蛋皮包起來並握成球狀。蛋皮的接合處朝下,然後用寬1cm的海苔在下緣圍繞一圈。上面劃出十字切口,輕輕撥開,再放上鮭魚子。

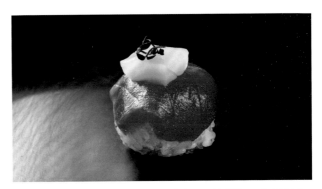

◆鮪魚配扇貝的手鞠壽司

將摻入綠色飛魚子的醋飯和鮪魚一起握成球狀,放上切成小方塊的扇貝,再點綴上嫩芽。醋飯也上色的話,整體就顯得更華麗了。

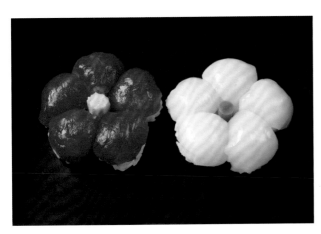

◆紅梅、白梅

將鮪魚和花枝各切成3cm的正方形薄片,四個角也都削成斜面。每一片鮪魚或花枝各配上12g醋飯握成一個小手鞠壽司,共做出10個。分別將鮪魚小手鞠壽司和花枝小手鞠壽司排成花形,中間插進切好的厚蛋燒和味噌醃山牛蒡。最後蓋上保鮮膜壓實固定,並修整形狀。

將鮪魚和花枝的四個角削成斜面。

最後要將全體牢牢壓實固定住。

◆ 稻荷壽司的變化

其實說起來，稻荷壽司算是家庭式的家常壽司，但只要細心做或加以精緻化，便能上得了壽司店的檯面了。只要在填充的醋飯上加料，或者改變包法，就能煥然一新。除了以下介紹的兩款之外，也可以打開豆皮像包巾那樣把醋飯包起來，或是做成錢包狀。

◆ 船

1 打開煮好的豆皮，將開口邊緣向內摺進去。

2 輕輕握好25g醋飯，塞進 ① 裡並且推平。

3 將適量的粉紅色魚鬆鋪在 ② 的醋飯上。

4 將厚蛋燒、蟹肉棒、小黃瓜切成適當大小，裝飾在 ③ 上面。

◆ 稻荷信田卷

1 將煮好的豆皮（6×7.5cm）的左右邊稍微切掉一點，然後打開成一片。

2 將 ① 的豆皮直放後，鋪開40g醋飯，注意後端要預留出4cm、前端則留出一點點空隙。

3 在 ② 的醋飯中央，放上之前切下來的豆皮邊緣，以及少許醃野澤菜和紅醋薑，然後由前往後捲起來，修整成圓筒狀。

4 用煮好的2根三葉菜圍繞一圈綁緊，再對半切開。

◆日本下鱵配紅蝦的手綱壽司

1 將煮熟的2條紅蝦去掉尾部，從腹側對切成兩片蝦排。然後從最厚的地方劃刀切開。

2 將一條醋醃好的日本下鱵斜斜對切。

3 將1小匙熟白芝麻、5g甜醋薑末、一片青紫蘇葉切成細末，摻進150g醋飯中，捏成20cm左右的棒狀。

4 將1和2交錯地斜放在3上面。

5 將切成細絲的小黃瓜皮事先用甜醋醃好，然後取7～8根斜放在4上面。

6 用保鮮膜蓋上5。

7 蓋上竹簾，從上往下壓實，讓醋飯和配料緊密結合，然後將全體修整成魚板狀。

8 拿掉竹簾，連同保鮮膜一起切塊，注意不要讓上面的配料移位。

◆紅葉

1 將鮭魚切得比平常更薄些，共切出7～8片。小黃瓜切出長10cm後，縱向切成4條（這裡只用2條）酪梨則將⅛個再薄切成梳子狀。

2 將100g醋飯均勻地鋪在半片海苔上。

3 將2上下翻面，在中間往前一點的位置各塗上少許芥末醬和美乃滋，將酪梨小黃瓜排上去。

4 將3由前往後捲起來，蓋上保鮮膜。接著蓋上竹簾，由上往下壓實固定，修整成魚板狀。

5 拿掉竹簾和保鮮膜，將鮭魚片斜鋪在醋飯上。

6 再次蓋上保鮮膜和竹簾，從上往下壓實，讓鮭魚片與醋飯緊密結合並修整形狀。

7 拿掉竹簾，連同保鮮膜一起斜切成7塊，然後排成紅葉的模樣。最後加上醃野澤菜的莖當成葉柄。

隨著壽司在海外廣受歡迎，採用當地食材與料理方式，迎合當地人喜好的造型和擺盤等，壽司的千變萬化令人目不暇給。其中最具代表性的，就是以裡卷手法做成的加州壽司卷了，而加州壽司卷也已經引進日本並擁有高人氣。現在就來介紹幾種可說是基本款的加州壽司卷吧！

加州壽司卷的基本技術

最初廣為流行的加州壽司卷就是加州卷了。這是一種連不喜歡黑黑的海苔的人都難以抵抗的裡卷。捲的時候注意不要捲進保鮮膜。為了顯現豪邁的氣派，就大膽地讓包在裡面的材料跑出來吧！

◆加州卷

【材料】
- 醋飯　120g
- 蟹肉棒　1根
- 酪梨　⅛個
- 散葉萵苣　1片
- 小黃瓜　¼條
- 鮭魚　1×1×10cm 2條
- 飛魚子　適量
- 芥末醬　適量
- 美乃滋　1小匙
- 海苔　半片

1 將蟹肉棒斜斜對切，酪梨薄切成3片並切掉靠近種子的部分，散葉萵苣則是先縱向對切後再斜切成細長狀。

3 將飛魚子鋪在 ② 上面，注意前端要預留出2cm空隙，然後上下翻面。

5 將沙拉的材料一直線地鋪在 ④ 上面，再放上蟹肉棒，注意要讓蟹肉棒的切口超出左右兩端。

7 拿起竹簾前端，將材料壓好不讓移動，邊捲時邊將保鮮膜往後拉，不要將保鮮膜捲進去，然後從竹簾上面往下壓實固定。

2 將保鮮膜鋪在竹簾上，然後橫放上海苔，再均勻地鋪上醋飯。後端那邊稍微讓醋飯鋪到海苔外面一點，那麼捲的時候海苔就不會跑出來了。

4 將芥末醬和美乃滋塗在 ③ 的海苔中央稍為前面一點的地方。

6 繼續將小黃瓜、鮭魚、酪梨放在 ⑤ 上面。所有材料都要放得超出海苔的左右兩端。

8 拿掉竹簾，然後再次蓋上竹簾，修整成圓筒狀。拿掉竹簾和保鮮膜，切成6塊。擺盤時，將材料凸出來的那兩塊立起來。

加州壽司卷的變化

一般不會用來當做壽司的配料，卻經常用在加州壽司卷上，因此這是發揮自由度極高的壽司，而且顏色愈豐富愈討喜。由於配料可以自由搭配變化，因此也能做出適合不愛吃魚或素食者的壽司。

◆彩虹壽司卷

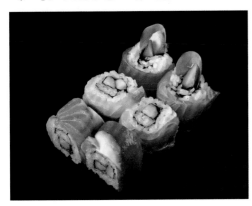

【材料】
- 醋飯　120g
- 白肉魚、鮭魚、鮪魚　各2片
- 酪梨　1/8個
- 小黃瓜　1/4條
- 寶貝生菜　適量
- 美乃滋　適量
- 海苔　半片

1 將酪梨切成薄片。

2 將保鮮膜鋪在竹簾上，再橫放上海苔，均勻地鋪開醋飯。

3 將2上下翻面，塗上美乃滋，將酪梨、小黃瓜、寶貝生菜放上去，而且要放得稍微超出海苔的左右兩端，然後捲成圓卷。

4 拿掉竹簾和保鮮膜，將壽同放在砧板上，再將白肉魚、鮭魚、鮪魚依序一片一片無間隔地斜放上去，然後蓋上保鮮膜和竹簾壓實，並修整成圓筒狀。

5 切成6塊。

◆炸蝦壽司卷

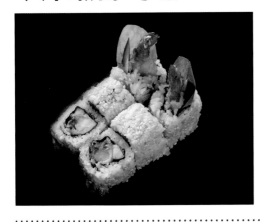

【材料】
- 醋飯　120g
- 炸蝦天婦羅　2條
- 小黃瓜　1/4條
- 寶貝生菜　適量
- 美乃滋　適量
- 佐醬或鰻魚醬　適量
- 熟白芝麻　適量
- 海苔　半片

1 將保鮮膜鋪在竹簾上，再橫放上海苔，均勻地鋪開醋飯。

2 將1上下翻面，塗上美乃滋和佐醬，再將炸蝦天婦羅、小黃瓜、寶貝生菜放上去，而且要放得稍微超出海苔的左右兩端，然後捲成圓卷。

3 拿掉竹簾和保鮮膜，均勻地撒滿白芝麻。

4 切成6塊。

◆飛龍壽司卷

【材料】
- 醋飯　120g
- 酪梨　1/2個
- 蒲燒鰻魚　寬1cm、長8cm共3條
- 小黃瓜　1/4條
- 寶貝生菜　適量
- 芥末醬　適量
- 美乃滋　適量

1 將酪梨切成薄片。

2 將保鮮膜鋪在竹簾上，再橫放上海苔，均勻地鋪開醋飯。

3 將1上下翻面，塗上芥末醬和美乃滋，再將蒲燒鰻魚、小黃瓜、寶貝生菜放上去，而且要放得稍微超出海苔的左右兩端，然後捲成圓卷。

4 拿掉竹簾和保鮮膜，將壽司放在砧板上，再將1緊密地鋪在上面。然後蓋上保鮮膜和竹簾，注意不要太過用力地輕輕捲成圓筒狀。

5 切成6塊。

裝飾上小黃瓜和鮭魚子後，就變成「毛毛蟲壽司卷」了。

押壽司常見於關西地區，因為是利用壓模器做成，也稱為相壽司。鯖魚、鱒魚、星鰻、小鯛都是代表性配料，但一般並不是用生鮮的，而是用醋醃或燉煮過的配料。配料的厚度要盡量一致，而放在醋飯上再下壓時，不能把飯粒壓爛了，因此力道要注意拿捏得當。

押壽司的基本技術

一般放進壓模器裡的材料都是上下顛倒的，因此製作時宜事先構思好完成的模樣後再放入材料。放進笹葉的話，不但不會弄髒壓模器，還能添加香味並達到防腐作用。醋飯要均勻地塞進去，所施的力道須讓最後整個押壽司能夠平整地呈現便大功告成了。

◆紅蝦配星鰻的押壽司

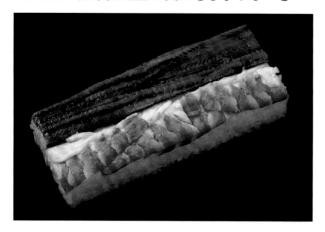

【材料】（14.5×5.5×3cm的押模器一個份）※

- 醋飯　180g
- 煮熟的星鰻　15cm 1條
- 煮熟的紅蝦　2條
- 蛋皮切絲　少許
- 三葉菜（汆燙一下）　少許

※份量請依壓模器的大小調整。

1 去掉蝦尾，打開腹部。

2 在壓模器的底部鋪上笹葉。將蝦子的紅色部分朝下，星鰻也是身體內面朝下鋪上去。

3 將100g醋飯輕輕握起，然後塞滿[2]的壓模器。

4 鋪上蛋絲和三葉菜。

5 將剩下的醋飯輕輕握起，塞在[4]的上面，然後蓋上笹葉。

6 蓋上壓蓋，由前往中間施力那樣輕輕壓下。

7 將壓模器前後對調過來，用[6]的要領再壓一次。如此重複數次，力道慢慢加強。

8 拿掉壓模器和笹葉後即可切塊。

押壽司的變化

宛如做畫般地擺進各種配料，就能做出多彩多姿的押壽司了。這裡所介紹的押壽司，並無法像一般那樣將材料上下顛倒放進去，因此要先塞進醋飯，再像做畫那樣將材料逐一布置進去。

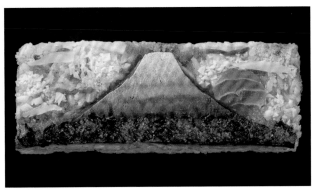

◆富士山

【材料】

- 醋飯　100g
- 鱈魚子飯（醋飯100g+鱈魚子10g）　110g
- 醋醃鯖魚　半片　　• 鮭魚　1塊
- 熟白芝麻、甜醋薑（碎末）　各1小匙
- 明太子、粉紅色魚鬆、醃黃蘿蔔（碎末）、青海苔、綠色飛魚子　各少許

1 將醋醃鯖魚較厚的部分切掉，使厚度一致。

5 將笹葉鋪在壓模器底部，然後塞進100g醋飯，再均勻地撒滿熟白芝麻和甜醋薑末。

9 將④放在⑧的鯖魚旁邊，然後在鱈魚子飯上面鋪滿粉紅色魚鬆。

12 將⑪的壓蓋放在⑩上面，就完成了。

2 將①的鯖魚切成壓模器大小，可以蓋上壓蓋來切。

6 塞進鱈魚子飯。

10 在⑨的鯖魚下緣放上青海苔和綠色飛魚子。

13 拿掉壓框和壓蓋（保留保鮮膜）。

3 確認好②的鯖魚皮的模樣，將白色部分做成山頂，用水果刀切出山型。

7 蓋上壓蓋，先輕壓一下，然後拿掉壓蓋。

11 用保鮮膜將壓蓋包起來。

14 就這樣包著保鮮膜放著。

4 用水果刀把鮭魚切成圓形，然後切掉一點圓邊。

8 塗滿明太子，然後將③放上去。

應用

利用剛剛切剩下來的鯖魚做天空，將黑芝麻摻進醋飯裡做富士山，切成圓狀的厚蛋燒當月亮，切碎的厚蛋燒當月光等，就能完成富士山夜景了。

疏菜壽司有著海鮮所無法品嚐到的口感與配色而獨具魅力，不但深受注重養生的女性喜歡，在素食者為數眾多的海外，也是不可或缺的菜色。當想換換口味或有所忌口時，蔬菜壽司便是可靈活應變的佳肴，若使用時令蔬菜，就更有季節感了。也可多加利用漬物、醋醃、昆布漬等食材。

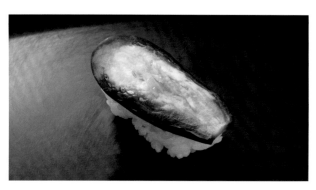

◆ 醃茄子

將小的醃茄子縱切成薄片，放在握好的醋飯上，然後點綴上切細的柚子絲。茄子和柚子的顏色很搭，而柚子的風味也是這款蔬菜壽司的重點。

◆ 蘆筍

將蘆筍的嫩莖煮好後縱向對切，放在握好的醋飯上，再用切成帶狀的生火腿圍繞起來。生火腿的鹹味和蘆筍真是絕配。

◆ 山藥

將山藥切細，放在握好的醋飯上，再用切成帶狀的青紫蘇圍繞起來。最後放上梅肉。沙沙的口感是生山藥獨具的魅力。

◆ 平菇

拿掉粗大的莖，用沙拉油香煎一下，再加點醬油調味。放在握好的醋飯上，用煮好的三葉菜圍繞起來。用香菇或杏鮑菇的話，做法也相同。

◆ 筍

將煮好的嫩筍尖切成薄片，塗上醬油或佐醬適當烤一下。放在握好的醋飯上，再裝飾上嫩葉。一次享受怡人的芳香與口感。

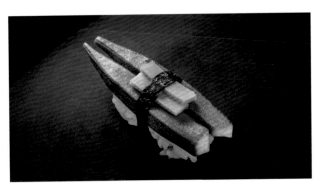

◆ 秋葵

先切掉秋葵的蒂頭，鹽揉過後汆燙一下，再縱向對切。將胡蘿蔔切成細長方形，煮熟。放在握好的醋飯上，用切成帶狀的海苔圍繞起來。

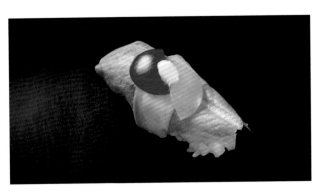

◆ 小番茄

將小番茄切成4小塊，酪梨切成薄片。依寶貝生菜、酪梨、小番茄的順序放在醋飯上，最後放點美乃滋。

◆ 嫩薑

將嫩薑撕成一片一片。將2～3片嫩薑疊在握好的醋飯上，在生薑的凹處放上水煮的蕨菜和蜂斗菜，再用切成帶狀的海苔圍繞起來。

◆ 白蘿蔔

將醃漬的白蘿蔔切成薄片，放在握好的醋飯上。用切成帶狀的海苔圍繞起來，再放上味噌。可以享受清脆的口感。也可以使用顏色漂亮的醃蕪菁等。

◆ 散壽司的變化

在醋飯上擺上各式各樣的材料，或者將材料與醋飯拌勻，或者做成有特色的鐵火丼等，散壽司的種類五花八門，完全可以發揮個人創意。可以在配料上玩花招，也可以用配料來布置圖案，所謂的造型裝飾壽司，就是散壽司的一種。這裡介紹的是簡單又巧妙的繡球花散壽司。

◆繡球花散壽司

【 材料 】

- 醋飯　100g
- 甜醋薑（碎末）　少許
- 熟白芝麻　少許
- 暴醃蘿蔔　10cm
- 紅紫蘇粉　適量
- 柚子皮　少許
- 青紫蘇　3片

1 將暴醃蘿蔔切成寬1.5cm的棒狀，然後每一邊都各切進一個三角形的溝槽。

3 用竹籤插進②的中心，插出一個洞來，再把切細的柚子皮插進去。

 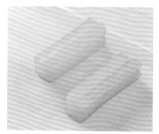

2 將紅紫蘇粉加適量的水，將①泡進去，大約放置15分鐘到稍微上色為止。

4 將甜醋薑末和白芝麻摻進醋飯裡，然後滿滿地盛進盤子裡，放上青紫蘇後，再將薄切後的③撒上去。

◆ 第4章
壽司的基本功與擺盤原則

在壽司上施以巧飾，就能更為絢麗繽紛而引人注目了，但這些都是建立在醋飯的美味與握法等基本功夫上。經常練習壽司的基本功，隨著經驗日積月累，就能發展出個人特色了。本章除了介紹醋飯、握法、切雕技法等，也將說明擺盤的基本原則與應用的要訣。

◆ 醋飯的基本功

判斷壽司美味與否，一般多注重配料的新鮮度與調理方式，但其實做為基底的醋飯，也占了相當程度的決定性。尤其造型壽司不少都是以醋飯為主，更需要注重細節，做出美味的醋飯來。就讓我們一起複習製作醋飯的基本技巧吧！

■ 煮飯

並不會因為是醋飯，煮飯的程序就特別不同。不過，水的用量要比平常煮的飯再少一點，宜煮得稍硬一些。

1 計量出正確份量的米，放進洗米盆裡，灌進大量的水將髒物沖掉後，瀝掉水分。稍微淘洗一下，注意不要弄破米粒。灌水，再讓水流掉。反覆數次。

2 將米放在瀝水籃裡10分鐘左右，充分瀝掉水分。

3 將米放進電鍋，加進等量的水，靜置10～20分鐘後，就像一般煮飯程序那樣開始煮。

4 煮好後要確實燜一下。

不敗絕招

◆ 米粒要是破了，多餘的黏性就會跑出來，因此淘洗時不要太過用力。

◆ 將米淘洗好後，要確實瀝乾水分。

◆ 新米的水分含量較多，煮的時候宜減少一成左右的水量。

◆ 煮之前將米泡水和煮之後的燜飯，時間都要足夠。

◆ 泡水的時間隨季節不同，夏天短一點，冬天則稍長一點。

■ 製作混合醋

混合醋就是在醋裡加上鹽和砂糖並充分溶解後的醋，可依用途及偏好的味道而改變成分用量。成分的用量如下表所示。混合醋不能在製作醋飯之前才調好，務必事先做好，讓鹽巴和砂糖充分溶化後，味道才會均勻。

4種混合醋

米	清淡（適合握壽司、手鞠壽司、一般的壽司配料、味道重的食材等）			標準（適合各種壽司的萬用醋。也適用於加州壽司卷等）			甘甜（適合押壽司等，偏關西口味，也很受小朋友喜歡）			濃郁（適合蔬菜壽司或以醋飯為主的壽司）		
	鹽(g)	砂糖(g)	米醋(ml)	鹽(g)	砂糖(g)	米醋(ml)	鹽(g)	砂糖(g)	米醋(ml)	鹽(g)	砂糖(g)	米醋(ml)
1合	4	8	25	4	10	25	4	12	25	5	12	27
5合	20	40	125	20	50	125	20	60	125	25	60	135
1升	40	80	250	40	100	250	40	120	250	50	120	270

（譯註：米1合約等於150g，1升為10合，即為1500g。）

■ 製作醋飯

簡單說，就是將混合醋拌進煮好的飯裡面。飯如果冷掉，就不太會吸收混合醋了，因此請在飯煮好後立刻製作。將混合醋充分拌進飯裡，注意不要把飯粒攪爛。用一般電鍋的話，飯煮好時，通常已經算進燜飯的時間了，因此煮好即可和混合醋拌勻。

不敗絕招

◆ 飯煮好後，宜燜20分鐘左右。

◆ 請用飯匙像切菜那樣將飯切鬆，才不會攪爛飯粒。

◆ 要讓每一粒飯都充分與混合醋拌勻，且動作要快。

◆ 待飯與混合醋充分拌勻後，用扇子搧涼。

◆ 將完成後的醋飯移到飯桶裡，然後蓋上擰乾的濕布以防止醋飯乾燥。

鮪魚

一般的鮪魚塊（長條塊）都比要做成壽司配料時稍小一點，因此宜斜切大小才會剛好。此外，要逆著紋路切。

將鮪魚塊稍微斜放，用一隻手按住，將橫切面斜切下來。

斜切時，將菜刀拉一下，切到最後時將菜刀立成垂直再拉出，就能切開了。

白肉魚

白肉魚一般都像比目魚塊那樣，不會太厚，而且頗有嚼勁，因此適合薄切。如果魚身有暗紅色部分，則暗紅色部分朝向自己再切，方向就會一致了。

將魚塊稍微斜放，用手指按住，再將菜刀放平，薄切地拉一下菜刀。

切到最後時，將菜刀立成垂直再拉出，就能切開了。菜刀不要前後移動，只要拉一下切開就行了。

花枝

較難咬斷的花枝，宜斜切成薄片，若能劃上幾刀菱格紋，就更容易吃了。特別新鮮偏硬的花枝，就適合切成細絲。

將皮面朝下，斜切成條狀後，再切成薄片。也可以切花。

小鰶魚

小鰶魚的話，依大小不同，切法也就不同。做為壽司配料的每一片小鰶魚上，厚度和硬度都不同，請參考「小鰶魚的花式刀工」（p.86）後再切，就能切得比較容易吃了。

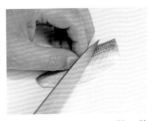

魚身較厚的部分切深一點，薄的部分則切淺一點。

橫返

1 在接觸醋飯之前，先沾點手醋讓手濕潤。手醋的濃度是20～30%，請事先調好裝進小碗裡。

2 用慣用的那隻手取一個握壽司份量的醋飯，輕輕握成圓狀。

3 用另一隻手拿起配料，然後以慣用那隻手的手指取少許芥末塗在配料上。

4 將醋飯放在配料上。

5 用拿著壽司那隻手的拇指在醋飯中央稍微按出凹陷。然後用另一隻手的手指上下按壓醋飯來修整形狀。用拿著壽司的那隻手握住壽司，再用另一隻手的食指和中指的指腹按壓。

6 將壽司翻面，讓配料朝上。

7 用另一隻手的拇指和食指按壓壽司的左右邊，然後用食指和中指的指腹按壓配料，使與醋飯緊密結合。

8 將壽司轉180度，前後對調。

9 重複 7 的手法再做一次。

10 完成。

本手返

1

同「橫返」步驟 ① ② ，將輕握成圓狀的醋飯放在沾好芥末的配料上。

2

在醋飯中央稍微按出凹陷後，凹起拿著壽司的那隻手掌，左右按壓，同時用另一隻手的指腹壓緊醋飯。

3

將壽司在拿著的那隻手掌中翻面，讓配料朝上，然後移到另一隻手的食指和中指上。

4

用另一隻手蓋上壽司，然後再次將壽司移過來，此時配料是朝下的。

5

一邊按壓，一邊讓壽司在拿著的那隻手上翻面，讓配料朝上。

6

用拿著壽司的那隻手的拇指按著配料，用另一隻手的拇指和食指左右夾住壽司，一邊修整形狀一邊握緊。

7

將壽司轉180度，前後對調。

8

重複 ⑥ 的手法再做一次。

9

完成。

捏握時的其他要訣

◆ 事先準備好配料、醋飯和芥末等。

◆ 手醋、布、菜刀等也都要準備好，放在平時放的位置。

◆ 擺好正確姿勢，用流暢的動作迅速捏握好。

◆ 配料只要輕輕拿著就好，而且接觸手的時間和面積愈少愈好。

◆ 擺盤的基本功

■■ 流水式擺盤

「流水式擺盤」主要就是將壽司斜放並排成數條橫列，是最基本的擺盤方式。須從盤子的後端往前排，並且排的角度要一致，橫列也要排成數條水平線才會漂亮。通常，配料顏色相近的不要排在一起，但喜慶宴會場合時，可以將紅色的排在右半邊，白色的排在左半邊，也就是排出宛如繫在禮物上的「水引」繩結一樣。這裡介紹的是三人份壽司的擺盤方式。

不敗絕招

◆將壽司斜放，角度須一致，橫列也須排成一條條水平線。

◆同一款壽司排在一起，但相鄰的壽司種類則要注意外觀和顏色相近的不要排在一起。

◆較高的以及做工繁複的排後面，簡單的排前面。

◆像蝦子等有頭尾部分的，則尾部朝右下方。

◆最後擺上切好的笹葉，但要注意整體的平衡，並且不要遮住壽司的配料。

1 先將海苔卷或造型壽司放在盤子的最後面。體型較大的造型壽司要是放在前面就會過於搶眼，因此才特別放在不會搶了其他壽司風采的盤子後面。

2 將2種軍艦卷放在①的前面。軍艦卷因為有點高度，因此要放在後面。宜斜放且注意角度一致。

3 將小鰶魚和紅蝦壽司放在②的前面。全都是尾部朝右下方，並且須和軍艦卷的角度一致。

4 將鮪魚和花枝壽司放在③的前面。小鰶魚的前面放鮪魚、紅蝦的前面放花枝，顏色才會搭配。

5 將厚蛋燒壽司放在④的前面。可以全部橫排成一直線，讓整體略有變化。

6 將鮭魚壽司放在⑤的前面。然後將笹葉展開成扇狀夾進壽司中間，最後在盤子邊邊擺上甜醋薑。

放射狀擺盤

不論從哪個方向看都是正面，從哪個方向都很好拿取，這就是「放射狀擺盤」的特色，適合端上圓桌，過去也曾有「廣納四方、放眼八方」之意。先決定好放在中心點的壽司，然後將一人份的壽司放在一起，令人一目了然。可以善加利用笹葉來裝飾出高低層次，才不會流於平板單調。這裡介紹的是將造型壽司放在正中央，適合慶典場合的三人份壽司擺盤方式。

不敗絕招

◆先決定出要放在正中央的壽司。

◆將做工繁複的壽司放在靠近中央的位置。

◆並非所有壽司都呈放射狀擺放，有些也可以橫放來略做變化。

◆一人份的壽司擺在一起，還可以利用笹葉裝點出高低變化。

◆確認整體平衡與否時，不能單從一個方向看，須從四個方向做確認。

1 將做為重點的造型壽司放在正中央。

3 將小鰶魚壽司放在②的空隙之間，再於近前擺上鮪魚和白肉魚配對的壽司。紅白並排與「祝」字造型壽司，都是為了強調喜慶。

2 將厚蛋燒壽司和紅蝦壽司配對，放在三個方向。可以將紅蝦壽司搭在厚蛋燒壽司上來呈現立體感，此時蝦尾要朝上。

4 再分別擺上海膽軍艦卷、鮭魚子軍艦卷以及鮭魚握壽司。最後將切好的笹葉插進紅蝦壽司下方，並擺上甜醋薑。

扇形擺盤

由前往後並同時向左右展開，是「扇形擺盤」的特色。適合有主貴賓或主角在場時亮相，或者當做冷盤放在靠牆的桌上。和「流水式擺盤」一樣，都是由後往前逐一將壽司放上去，但必須想像好支點的位置，擺放時注意別讓支點偏移了。

不敗絕招

◆以稍微偏前的中央點為支點，向左右兩邊展開。

◆陸續將壽司擺上去時，須注意不讓支點偏移。

◆先擺上放在中央做為焦點的壽司後，就容易決定構圖了。

◆適當地疊放，才不會流於平板單調。

◆將笹葉也布置成扇形。

1 在盤子的後端左右邊，以倒八字分別擺上小鰶魚和白肉魚壽司。小鰶魚的尾部要朝向自己這邊。

3 將切好的笹葉排成扇狀，搭在厚蛋燒壽司前面。

5 將造型壽司搭在紅蝦壽司上面。

2 將厚蛋燒壽司排在 1 的前方，排成圓弧狀。

4 將紅蝦壽司搭在厚蛋燒壽司上，中間插進切好的笹葉。

6 將鮭魚子軍艦卷和海膽軍艦卷分別放在造型壽司兩側。後邊的空隙處各放上一個鮭魚握壽司，最前方則放上鮪魚握壽司。

喜慶場合的擺盤

這裡介紹使用粗卷壽司、普通握壽司、鐵火卷等很容易買到的壽司來加以組合成3～4人份的華麗風壽司擺盤。使用很簡單的洋式餐盤也無妨。可以用香草取代笹葉，並裝飾上鮮艷的小番茄等。

不敗絕招

◆擺成蛋糕狀，中央高起，周圍排成圓形。

◆讓全體顏色鮮艷豐富，且從任何角度看起來都一樣。

◆不妨多加利用既可當裝飾又可直接食用的蘿蔔嫩葉等蔬菜。

◆放在最上面的字牌也是用握壽司做成的。

即使不準備特別的壽司，也可以排出美麗的壽司擺盤。家庭場合的話，當然也可以利用市售的壽司，此時宜先將散壽司的醋飯與配料分開來，並注意須在賞味期限內享用。

1 將粗卷立起來排成一圈。使用海苔卷與蛋皮卷就會看起來很華麗了。

4 將蛋絲放在醋飯上面。

7 將[6]和其他散壽司的配料放上去。最後再將甜醋薑、切好的蘿蔔嫩葉、小番茄、檸檬、香草等裝飾上去。

2 在圓圈中間填滿醋飯，並將表面推平。

5 將握壽司排在圓圈外圍。須注意角度一致，且同一款壽司不要排在一起。

8 將花枝握壽司修整成四方形，上面用切細的海苔貼成文字，然後在醋飯的周圍塗滿飛魚子。最後放在[7]上面就大功告成了。

3 沿著圓圈內側排一圈鐵火卷。

6 在甜蝦的蝦背上切一刀，然後將蝦尾捲出來。

女兒節的擺盤

稍微花點心思就能做出來的人偶，以及握壽司、稻荷壽司等市面上都買得到的壽司種類，利用這些就可以完成女兒節的應景擺盤了。將人偶放在正中央，其餘應用「扇形擺盤」（p.114～115）即可。而握壽司，就選擇鮪魚、鮭魚等小朋友容易吃的配料來組合吧！

不敗絕招

◆利用卷物當做人偶的身體，頭則是將醋飯捏成圓球狀做成的。

◆主角的人偶放在正中央。

◆人偶前面的壽司要矮一點，不要遮住人偶。

◆其他的壽司要左右對稱，呈扇形狀排列。

◆選用小朋友喜歡的壽司種類來擺盤。

1 將鮪魚握壽司對切，用保鮮膜包著捲起來，做成手鞠壽司。共做出5個。紅蝦握壽司也是以同樣方式處理。

2 將小鰶魚切圓，另外用海苔壓花模具壓出海苔。將稻荷壽司橫立起來，左右邊角捏成耳朵狀，然後將小鰶魚放在中間，裝飾上海苔，做成熊臉。

3 將散壽司的醋飯捏成棒狀，放在砧板上，蓋上保鮮膜。用菜刀的刀面將四邊修整成平行四邊形後，再對切成菱形。然後將蛋絲和鮭魚子撒在上面。

4 將粗卷和鐵火卷組合起來擺在盤子中央。前面鋪上青紫蘇，然後將1的手鞠壽司排成花形放上去，中央塞進蛋絲。

5 左右邊各放上2和3。

6 將醋飯捏成天皇、皇后的人偶模樣，再裝飾上海苔、熟香菇、小黃瓜等，然後用竹籤固定在粗卷上。空隙的地方擺飾上握壽司、軍艦卷、鯖魚押壽司等色彩豐富的壽司，再用小黃瓜和小番茄做成燈籠放在粗卷的兩邊，最後裝飾上甜醋薑。

適合小朋友的迷你散壽司

這些散壽司都是靠精心布置配料來擄獲小朋友的心。表情就用海苔壓花模具（p.28）壓出來的海苔來做，十分簡單。

狗狗

在醋飯裡摻進飛魚子充分拌勻後放在碗盤中央，然後修整成圓平狀。將鮭魚、扇貝切成圓薄片放上去，再裝飾上海苔，做成臉。周圍放上切碎的醃野澤菜、切成小丁狀的鮪魚、白肉魚，最後點綴上小番茄。

貓咪

將醋飯放在碗盤中央並修整成圓平狀，然後用削成薄片的白肉魚蓋在表面上。再用醋飯做出2個三角形，另外捏一個小小的蛋形，分別用白肉魚蓋起來，當成耳朵和腳。用鮭魚和煮好的醬汁做頭飾，用鮪魚貼出腳上的肉墊，用海苔貼出表情。最後於周圍裝飾上蛋絲等。

熊貓

將醋飯放在碗盤中央並修整成圓平狀，將薄切的花枝蓋在表面上。將摻進黑芝麻粉的醋飯捏成2個小球做耳朵，用海苔和味噌醃山牛蒡裝飾臉部。周圍撒上飛魚子和鮭魚子，然後用小黃瓜做成笹葉點綴上去。

熊寶寶

將醋飯放進碗盤裡，周圍鋪上青紫蘇。再用鮭魚子鋪成熊臉，然後裝飾上厚蛋燒和海苔。周圍撒上切碎的蟹肉棒。

豬寶寶

將醋飯放進碗盤裡，再將鮪魚用菜刀拍打過後切成圓形放在中央做成鼻子，然後用扇貝切成薄圓片做成耳朵。用海苔做表情，周圍撒上切成細絲的白蔥和切碎的青蔥。

■ 製作壽司畫作

壽司畫作,就是利用散壽司的方式將壽司擺成一幅畫。可根據圖案選用不同的壽司,完全自由發揮創意。完成後的畫作當然必須滿足視覺與味覺的雙重享受。在擺盤之前,請先根據所要繪出的圖案和材料,畫出簡單的草稿來。這裡所介紹的是旭日東升的富士山景,尺寸為35×25cm,約10人份。

不敗絕招

◆擺盤之前,先打好實際大小的草稿,並準備好必要的材料和造型壽司。

◆宜事先把當做基底的醋飯放在實際要盛放的容器裡,以確認所需的份量,避免醋飯不足。

◆擺盤作業要迅速,時間不能拖太久。

◆一邊擺盤一邊確認整體的平衡。

◆富士山的山色,是利用鯖魚皮色的不同而做成的。

◆天空的顏色,是利用飛魚子、鮭魚子、粉紅色魚鬆、醃黃蘿蔔、紅紫蘇粉等巧妙地排出色彩的層次感。

◆旭日初升的天空要做得明亮,相反方向則多用點紅紫蘇粉讓顏色稍暗些。

壽司畫作所使用的材料,除了一般的壽司之外,還需要飛魚子、紅紫蘇粉、粉紅色魚鬆等用來上色的材料,也會用到蔬菜、漬物等。凡所需要的材料,皆應事前準備妥當。

1

將做為基底的醋飯（混合了粉紅色魚鬆、鱈魚子、熟白芝麻）鋪滿在容器裡。

6

將混合了醃野澤菜末和青海苔的醋飯鋪在富士山的山麓，做成位於富士山前方的小山模樣。

2

在①上面，用混合了甜醋薑末、熟白芝麻的醋飯製作富士山的基底。

7

將鮭魚切成圓薄片，再將部分圓邊切成能沿著富士山山麓的形狀，然後將醋飯捏成與這個鮭魚片的形狀一致後，放上鮭魚片，再放在富士山的山邊。

3

完成富士山的基底。

8

將飛魚子、切細的醃黃蘿蔔、鮭魚子適當地撒在做為基底的醋飯上，表現出朝霞滿天的景色。

4

將醋醃鯖魚厚的部分切掉一些，使整體厚度一致，然後依皮面的顏色切成腹側和背側兩大片，再依顏色分別切出並組合成富士山的山頂和山腰狀。將這部分排在③的基底上面。

9

撒上紅紫蘇粉和粉紅色魚鬆，做出天色的層次感。

5

排好醋醃鯖魚後，蓋上保鮮膜，從上往下壓實並修整形狀，讓醋醃鯖魚與醋飯密切結合。

10

將蒲燒鰻魚切細做成樹幹，用造型壽司做出花和鳥，然後適當地放上去。將魚板切成薄雲狀放上去，再將紅紫蘇粉和鮭魚子鑲嵌在天空中。前方再撒上嫩芽，然後用切好的海苔貼成小鳥的眼睛。

笹葉切割法的變化

用笹葉或葉蘭的葉子來裝飾壽司，不但能增加鮮艷的色彩，也有區隔、防腐等實用效果，是壽司擺盤時不可或缺的重要陪襯。若自己能切割出華麗的笹葉，壽司的價值也將倍增。熟練這門技法後，就能重疊數片葉子一起切割了。這裡介紹幾款不同用途的代表性種類、圖案和切割方法。

不敗絕招

◆利用小菜刀或水果刀，會較容易進行細部的切割。

◆可以的話，請使用專用的砧板。

◆將笹葉稍微弄濕，會比較不滑而便於切割。

◆進行細部的切割時，宜用手指夾住菜刀的刀柄與刀刃的接合處，亦即像握鉛筆那樣握住菜刀。

◆用沒拿菜刀的那隻手壓住笹葉後再切割。

◆完成後，若不馬上使用，就先泡在水裡。

像「關所」這類須注意左右對稱時，宜先切掉笹葉的根部，然後縱向對摺，摺痕朝向自己後再切割。

進行細部的切割時，要像握鉛筆那樣握住菜刀，然後用直刀的方式以刀尖切割。

■ 關所

所謂「關所」，就是插在味道不同的壽司群之間，或者將不同顏色的壽司群區隔開來，通常會將笹葉切割出一定的高度，擺盤時就能營造出立體感和流動感了。一般都是先縱向對摺後，再橫放著切割，並完成左右對稱的圖案。

◆ 松

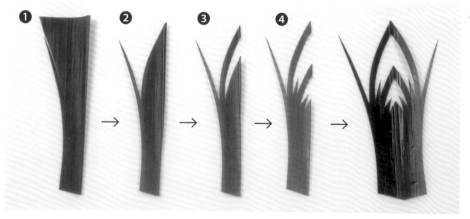

① → ② → ③ → ④ →

◆ 蝦

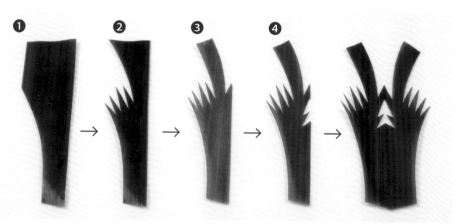

① → ② → ③ → ④ →

▦ 劍笹

和「關所」一樣,都是用於區隔。圖案主要是線條,然後切割出尖端。雖然形狀很簡單,但切割的角度或粗細有別,完成的模樣便不同。這裡所介紹的「合笹」,是將1片細長的笹葉切成2片後再重疊。

◆ 合笹

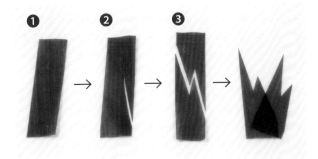

▦ 敷笹

用於壽司擺盤時鋪底。也可以鋪在生魚片等小菜下面當成菜色的一部分。這裡介紹的「網」,是將整片笹葉切割成同一種圖案,但除此之外,也可以在笹葉中央切割出鶴或花的圖案來。

◆ 網

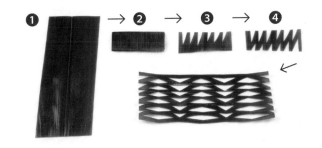

▦ 化妝笹

化妝笹是擺盤最後才放上去的,不是用來區隔,而是用來妝點顏色。蝦、鶴、家紋等,都是經常使用且討喜的圖案。只要一片化妝笹,奢華感即倍增。

◆ 蝦

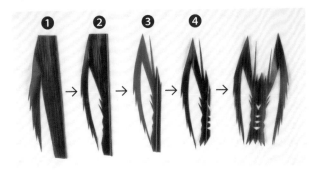

◆ 富士山

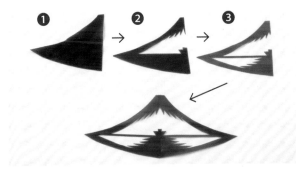

◆ 鶴

◆ 蝶

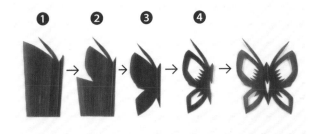

疏菜有著壽司配料所沒有的顏色，因此只要簡單地加以切雕巧飾，就能讓擺盤顏色更鮮艷而令人賞心悅目了。這裡介紹幾種代表性的切雕法，可以用來盛裝芥末醬、當成散壽司的配料，更可以應用在喜慶場合的擺盤上。

◆芥末醬台1（桔梗）

1 切掉小黃瓜的尖端，從距切口1.5cm處斜斜劃刀至小黃瓜的中心。

2 將小黃瓜轉90度，重複步驟1。如此連續再做2次後，切斷。

◆芥末醬台2（小船）

1 將小黃瓜切出6cm長，再縱向對切。切面朝下放著，然後先前後再左右各斜斜劃刀進去，切掉上面部分。

2 在左右任一邊的中間劃進一刀。將1切下來的部分的皮切出一細長條，插在切口上。

◆芥末醬台3（非洲菊）

下面鋪上青紫蘇，中間放上醃黃蘿蔔末加以裝飾。

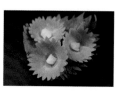

1 切出3cm長的胡蘿蔔，將皮旋削下來。周圍縱向切出細小的V字形成鋸齒狀。

2 從1的邊緣朝中心點斜斜劃刀進去，然後像削鉛筆那樣邊轉邊削，斜削出薄薄一圈來。

◆松樹

1 切出8cm長的小黃瓜，再縱向對切。切面朝下放著，在厚度的中間點插進竹籤。

2 在皮面上垂直切出細密的刀口，切到竹籤插著的深度為止，然後拔出竹籤。

3 將小黃瓜直放，左右端各切掉一點，然後橫放。從左側開始，在適當的位置斜切掉一些。接著，斜刀劃進去但不要切斷，在拉出菜刀的同時，將切開的部分旋轉到一邊，然後繼續用同樣的方式劃刀，並將切出的部分旋轉到另一邊。如此重複劃切幾刀，並將切出的部分一左一右錯開。

◆聖誕樹

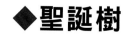

1 同「松樹」的步驟1、2。

2 將1的縱向的左右邊各斜切掉一部分，成為細長的梯形。

3 將2的尖端朝左橫放，從左側斜刀劃進但不要切斷，在拉出的同時，將切開的部分旋轉到一邊，然後用同方式劃刀，並將切出部分旋到另一邊。如此重複劃切幾刀，並將劃出的部分左右錯開，再裝飾上鮭魚子。

◆蝴蝶

1 切出3cm長的胡蘿蔔，將皮旋削下來。將圓邊縱向薄切掉一部分，然後另一邊也切掉一部分使兩邊成直角。接著在圓邊的中央切出V字，並將銳角修成圓形。然後如圖，在邊緣的中間切出2～3個細細的溝槽。

2 將①如圖那樣放倒，從邊緣切出薄片。

3 將②放倒，以平刀橫劃進去但不切斷。

4 將③的切口轉向自己，後端不切斷地切出一道切口。然後前後翻轉180度，以同樣方式切出一道切口，注意後端不切斷。

5 打開③的切口成蝴蝶的翅膀。再一氣拉開④的切口部分，然後插進翅膀根部成為觸角。

◆菊花

1 切出8cm長的蘿蔔，去皮，然後旋削出一薄片來。

2 切出4cm長的胡蘿蔔，去皮，同樣旋削出一薄片來。

3 在②上面切出細細的切口，切進寬幅一半左右的位置為止，並將邊緣修圓。

4 將①橫放，前後對摺，在摺痕的地方斜切出細細的切口。

5 將③放在④上面，切口對齊，然後從邊緣捲起來。

6 用牙籤刺進⑤加以固定後，放進水裡，讓它開成一朵花。

也可將蝴蝶與菊花搭配起來裝飾。

◆ 從事新的 創作之前

製作裝飾壽司最大的樂趣就在於能夠自由發揮。熟悉各種技法之後，就請挑戰自行創作吧！若能開發出原創的造型壽司，不但更容易滿足顧客的期待，也會為店裡帶來嶄新的特色。這裡以本書介紹的造型壽司為例，說明從事新的創作之前，必須考量的重點與步驟。

■ 畫設計圖

思考新創作的圖案時，不能光在腦中想像，必須先將構思的圖案確實畫出來，而且要畫得等同實際大小，才能確定要用哪種材料以及使用的份量。宜避免複雜的線條而盡量簡單化，成功率才會高。

事先將設計稿畫出來，不但有助於決定如何運用目前所學到的技法，也能正確判斷出選用的材料和份量。此外，宜避免使用特殊材料，不必追求新興產品。

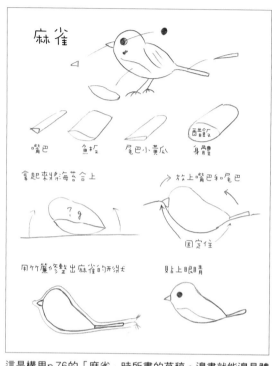

這是構思p.76的「麻雀」時所畫的草稿。邊畫就能邊具體地構思出選用材料和製作步驟。

■ 試做

根據完成的設計稿實際做做看。一邊做一邊確認材料的份量，做完後還要確認成品是不是和想像的一樣。確定好所選用的材料種類、份量、顏色搭配、整體造型，並且調整出材料的適當用量後，再試做一次。此外，美不美味、會不會太費工夫，都是重要的確認項目。

在真正完成之前，是有必要多試做幾次的。而且在反覆試做過程中，也會將所有技法練得更純熟。

◆ 以「鬱金香」（p.36）為例

作品1

將花盆與最外圍的海苔連在一起，將做成花的起司魚板切成鋸齒狀。

▼

作品2

在花盆與最外圍的海苔之間放上醋飯，也就是修改了圖案的位置，讓整體更平衡。另外還將花朵的形狀簡單化，看起來像鬱金香即可。